危険生物とは…

　地球上には生物が何種類いるのか考えたことがあるだろうか。国際自然保護連合（IUCN）の調べによると、地球上の生物の種類は137万種以上だとか。このすごい数の中には、凶暴だったり毒を持っていたりと、人間にとって危険な生物も存在する。

　危険といっても、その生物が生きるための狩りだったり、自分の身を守るための攻撃だったりするわけで、彼らは決してほかの生物が憎くて危害を加えているわけではない。すべては生きるための行為だ。だから人間側も、彼らをむやみに殺したり、憎んだりしてはいけないだろう。そんなことをしたら、人間がもっとも危険な生物となってしまう。

　この本は、植物から大型の猛獣まで、さまざまな種類の危険生物をとりあげた。身近な動植物に毒があると知り、驚くこともあるだろう。小さな体に秘めた恐ろしいパワーに感動することもあるだろう。危険生物は知れば知るほど怖さが増すものの、知れば知るほど魅力的で、好きにならずにはいられない。

　危険生物を好きになってしまうだなんて、なんて危険な行為なのだろう。しかしきみは、もうこの本を手にとっているので、とっくにその魅力に気づいているはずだ。ページをめくれば、生き物たちがきみのことを待っているぞ。では、怖くて楽しい危険生物の世界へ──。

「超危険生物」マークとデータについて

🐻 哺乳類　🦟 昆虫類　🐢 両生類　🐍 爬虫類　🐟 魚類

🪼 無脊椎動物…刺胞・棘皮動物　🦂 無脊椎動物…節足動物

🐙 無脊椎動物…軟体動物　🦀 無脊椎動物…甲殻類　🌱 植物　🍄 菌類

外　外国にいる危険動物（日本の動物園にいる動物も含む）

💀 危険度（ 💀 は毒も含めた危険度）

※危険度のだいたいの基準（ 💀 赤色も）

💀 →気分が悪い、少し痛いなど、すぐ治る

💀💀 →苦痛がある

💀💀💀 →強い痛みや強い苦しみ

💀💀💀💀 →場合によっては死ぬことがある

💀💀💀💀💀 →高い死亡率

最も痛い針を持つスズメバチ
チャイロスズメバチ

少ない。体は小さめだが、あなどってはいけない。スズメバチの中で刺されると最も痛いとされるのが、このチャイロスズメバチなのだ。攻撃性も強く、巣に近寄る者には群れで威嚇する。
また、ほかの種類のスズメバチの巣を攻撃して、女王バチを殺害する。巣を乗っ取ったあげく、働きバチに自分の幼虫を育てさせるのだ。人間にとっても危険だが、ほかの種類のスズメバチにとっても危険な存在である。

地域	日本
棲息場所	家の屋根裏、土の中の穴・木の枝など
体長	17〜21ミリ
症状	発熱・頭痛・じんましん・失神・ショック死
対処法	水で洗う・道具を使って毒を出す

棲んでいる地域や場所。咬まれたり、刺されたりしたときの症状や対処法など。
（外国にいる危険生物には、対処法を省略したものもあります。）

●体長など
ミリはミリメートル、センチはセンチメートルのことを表します。

毒を抜く一般的な器具に「ポイズンリムーバー」があります。

▲ポイズンリムーバー

※データは標準的なもので紹介していますが、生物によっては例外もあります。

危険生物のいるところ

シロフアブ
●90ページ

ニホンアマガエル
●190ページ

ニホンマムシ
●112ページ

ヤマトダニ
●95ページ

危険な生物は、家の中や家の周辺、池、川、沼、ハイキングに出かけた野山など、身近な生活圏にいっぱいいます。4〜9ページと12〜16ページは、主な危険生物がこんなところにいるよというイメージの場所です。詳しくは、危険生物を紹介しているページを見てみましょう。

トコジラミ
● 94ページ

ネコノミ
● 92ページ

キイロスズメバチ
● 26ページ

シバンムシアリガタバチ
● 31ページ

セグロアシナガバチ
● 30ページ

チャイロスズメバチ
● 28ページ

危険生物のいるところ　2

セアカゴケグモ
●158 ページ

チャドクガ
●182 ページ

ヒトスジシマカ
●84 ページ

危険生物のいるところ

コガタアカイエカ
●88ページ

カバキコマチグモ
●156ページ

ヤマカガシ
●116ページ

カミツキガメ捕獲作戦

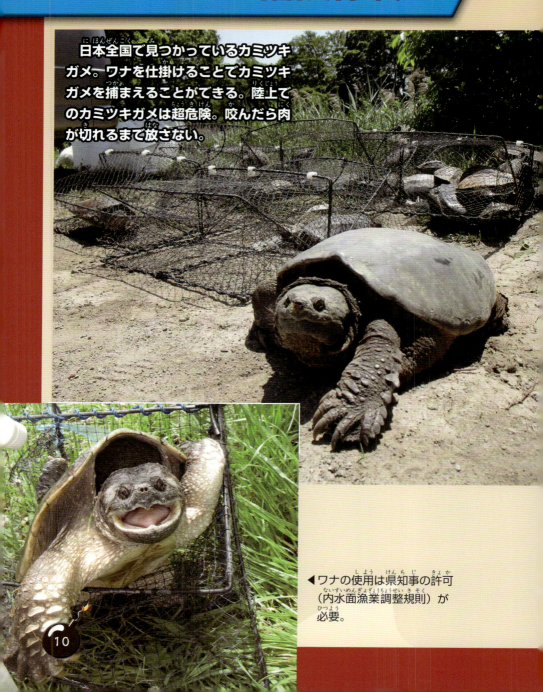

日本全国で見つかっているカミツキガメ。ワナを仕掛けることでカミツキガメを捕まえることができる。陸上でのカミツキガメは超危険。咬んだら肉が切れるまで放さない。

◀ワナの使用は県知事の許可（内水面漁業調整規則）が必要。

▲**大型のオス**
人の姿を見ると咬みついて攻撃する。

カミツキガメを捕獲した加藤先生

▲素手で捕まえることもできるが、専門的知識と経験が必要。

危険生物のいるところ ④

タカサゴキララマダニ
● 96 ページ
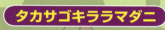

ツキノワグマ
● 136 ページ

ヤマビル
● 100 ページ

イノシシ
● 138 ページ

危険生物のいるところ

アイゴ
● 78ページ

ヒョウモンダコ
● 166ページ

イラモ
● 61ページ

オニダルマオコゼ
● 80ページ

アンボイナ
● 66ページ

超危険生物 もくじ

危険生物のいるところ ……… 4

刺す ……… 21

オオスズメバチ ……… 22
キイロスズメバチ ……… 26
チャイロスズメバチ ……… 28
ツマアカスズメバチ ……… 29
セグロアシナガバチ ……… 30
シバンムシアリガタバチ ……… 31
ツェツェバエ ……… 32
ヒアリ ……… 34
モリオオアリ ……… 37
オオハリアリ ……… 38
ブルドッグアリ ……… 40
グンタイアリ ……… 41
カモノハシ ……… 42
オブトサソリ ……… 44

マダラサソリ ……… 46
ハブクラゲ ……… 48
エチゼンクラゲ ……… 52
カツオノエボシ ……… 54
オーストラリアウンバチクラゲ ……… 56
ウンバチイソギンチャク ……… 58
ウデナガウンバチ ……… 60
イラモ ……… 61
オニヒトデ ……… 62
ガンガゼ ……… 65
アンボイナ ……… 66
アカエイ ……… 68
ゴンズイ ……… 70
ミノカサゴ ……… 74
オニカサゴ ……… 76
アイゴ ……… 78
オニダルマオコゼ ……… 80

17

吸血 ……83

ヒトスジシマカ ……84
コガタアカイエカ ……88
シロフアブ ……90
ネコノミ ……92
トコジラミ ……94
ヤマトマダニ ……95
タカサゴキララマダニ ……96
ヒゼンダニ ……98
ヤマビル ……100

咬む ……103

カミツキガメ ……104
ワニガメ ……108
スッポン ……110
ニホンマムシ ……112
ヤマカガシ ……116

ハブ ……118
サキシマハブ ……121
キングコブラ ……122
アフリカニシキヘビ ……124
アミメニシキヘビ ……126
マダラウミヘビ ……128
アメリカアリゲーター ……130
ナイルワニ ……131
ヒグマ ……132
ツキノワグマ ……136
イノシシ ……138
ニホンザル ……142
オオカミ ……146
アフリカゾウ ……148
オオアリクイ ……148
ヒガシゴリラ ……149
ライオン ……149
ジャガー ……150

カバ	150	ホホジロザメ	170
スイギュウ	151	ピラニア・ナッテリー	173
ヒョウ	151	ケートプシス・ゴビオイデス	174
トラ	152	ヴァンデリア・シローサ	175
コヨーテ	152	ダツ	176
アジアゾウ	153	ウツボ	178
ブチハイエナ	153		
チンパンジー	154		
スローロリス	154		

防御毒・病気媒介・放電 ……181

シャチ	155	チャドクガ	182
ホッキョクグマ	155	ミイデラゴミムシ	185
カバキコマチグモ	156	イラガ	186
セアカゴケグモ	158	ニホンヒキガエル	188
ルブロンオオツチグモ	162	ニホンアマガエル	190
アオズムカデ	164	オオヒキガエル	191
トビズムカデ	165	キイロフキヤガエル	192
ヒョウモンダコ	166	アシグロフキヤガエル	193
モンハナシャコ	168	ココエフキヤガエル	193

アイゾメヤドクガエル……194	ニホンウナギ……………222
ベニモンヤドクガエル……194	ツキヨタケ………………224
アライグマ………………196	ドクツルタケ……………225
アカギツネ………………200	ベニテングタケ…………226
アフリカマイマイ………202	ワライタケ………………227
デンキウナギ……………204	グロリオサ………………228
デンキナマズ……………206	スズラン…………………229
ウルシ……………………208	ウメ………………………230
セイヨウヅタ……………208	ジャガイモ………………230
	フクジュソウ……………231

食中毒……………211

ウモレオウギガニ…………212

マガキ………………………214

トラフグ……………………216

アオブダイ…………………218

コイ…………………………220

トリカブト………………231

●ペットから感染する
人獣共通感染症……………209
●外来生物の脅威…………232

20

刺す

オオスズメバチ、
ハチの仲間やクラゲ、サソリなど、
刺されると強力な
毒を持っている
危険生物
31

昆虫類

危険度 💀💀💀💀💀

派手な羽音といい兵隊のような姿といい、いかにも危険そうなオオスズメバチ。そのイメージどおり、刺した人間を死に追いやることもあるほどの虫だ。あごは非常に強い力があり、ターゲットにがっちりと咬みついて、腹の先の針で刺す。なかなか執念深い性格で、咬みついたまま、何度も刺し続けることもあるという。2017年には東京都港区の芝公園で11人が襲われ、東京都あきる野市では幼稚園児ら23人が襲われる事件が起きている。毎年全国で20人ほどの死者が出ているので、巣の近くや攻撃性が高い7〜9月は特に注意が必要だ。

地域	東アジア・日本
棲息場所	土の中の穴や木の中など
体長	26〜30ミリ
症状	発熱・頭痛・じんましん・失神・ショック死
対処法	水で洗う・道具を使って毒を出す

オオスズメバチの武器

腹部の先に約6ミリの針がある。この針はいろいろな方向に動かして刺すことができる。刺すときに毒液を腹から出して、相手に送りこむ。オスは刺さず、メスだけが刺す。

襲う前のサイン

まず、偵察役がブンブンと人の周りを飛ぶ。巣に近づく敵を追い払おうとしているのだ。

これに気づかずもっと近づいてしまうと、あごをカチカチと鳴らして威嚇する。この警告の後、襲うつもりなので、すぐに逃げるべし！

命に関わるアナフィラキシーショック！

ハチの毒が体に入ると、息ができなくなったり気を失ったり、死に至る場合もある。このような重い症状は「アナフィラキシーショック」と呼ばれる。

●スズメバチとアシナガバチには特に注意しよう！

アナフィラキシーショックが起きるのは、毒の強いスズメバチやアシナガバチに刺されたときが多いが、刺された人の体質などにより、毒性の弱いミツバチなどでも引き起こすことがある。

ハチの大きさ比べ　ほぼ原寸大の大きさです。

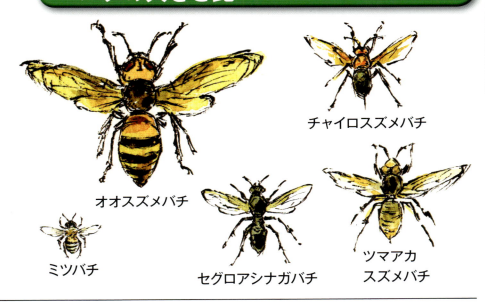

オオスズメバチ
チャイロスズメバチ
ミツバチ
セグロアシナガバチ
ツマアカスズメバチ

●アナフィラキシーショックの疑いのある症状は…

発熱、頭痛、呼吸困難、動悸、吐き気、腹痛、めまい、耳鳴り、しびれなどの症状のほかに、冷や汗が出たりする。こんな症状が出たら、すぐに医療機関に連絡しよう。

●1度目よりも、2度目に刺されたときが特に注意

初めて刺されたときは何ともなくても、2度目にアナフィラキシーショックを起こすこともあるぞ。油断は禁物だ。

25

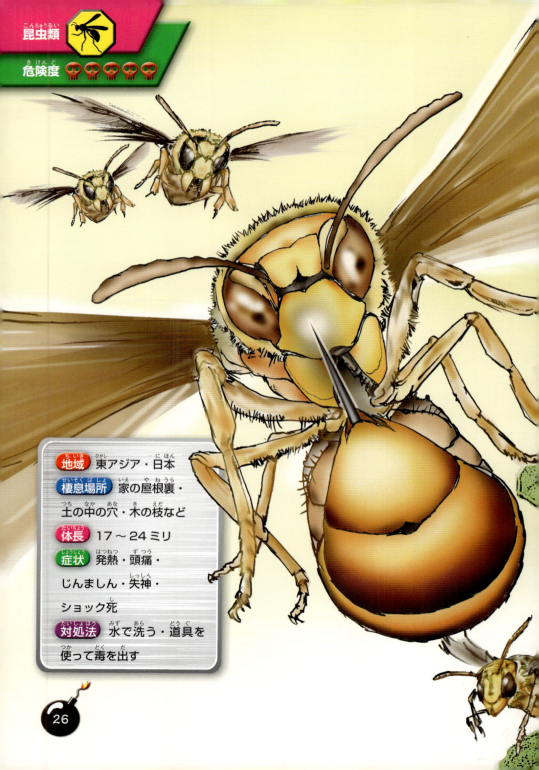

住宅のそばに巨大な巣を作る
キイロスズメバチ

キイロスズメバチは住宅地によく現れる。オオスズメバチ（22ページ）よりは小さめだが、硬そうな体に凶悪そうな顔つきは恐ろしく、攻撃性も高い。

屋根裏などに50センチ以上にもなる大きな巣を作ることがある。マーブル模様が美しく、縁起ものだともいわれるが、危険なので決して近づいてはいけない。夏は巣の引っ越しが行われ、このときに人間を刺すことが多いので特に注意が必要だ。

2016年9月、岐阜県で行われたマラソン大会では、100人以上もの人が襲われた。大勢が走る振動で、巣を刺激したことが原因だった。

昆虫類
危険度 💀💀💀💀💀

最も痛い針を持つスズメバチ
チャイロスズメバチ

少々、体は小さめだが、あなどってはいけない。スズメバチの中で刺されると最も痛いとされるのが、このチャイロスズメバチなのだ。攻撃性も高く、巣に近寄る者には群れで威嚇する。
また、ほかの種類のスズメバチの巣を攻撃して、女王バチを殺害する。巣を乗っ取ったあげく、働きバチに自分の幼虫を育てさせるのだ。人間にとっても危険だが、ほかの種類のスズメバチにとっても危険な存在である。

地域	日本
棲息場所	家の屋根裏・土の中の穴・木の枝など
体長	17～21ミリ
症状	発熱・頭痛・じんましん・失神・ショック死
対処法	水で洗う・道具を使って毒を出す

28

昆虫類
危険度 💀💀💀💀💀

日本に忍びこんだ外来生物の脅威

ツマアカスズメバチ

ツマアカスズメバチは2013年に日本に侵入し、長崎県対馬全域や福岡県北九州市などで確認されている。まだ、安心だなんて思うのは大間違い。今後、棲息地域や棲息数が拡大していく可能性がある。気づいたときには、きみのとなりにいるかもしれないのだ。

ほかのスズメバチと同じように木の穴や土の中の空洞に巣を作る。しかし、いろいろな場所に適応する性質のため、住宅の屋根裏や床の下や壁などにも巣を作ることがあるので注意が必要だ。

- **地域** 日本（九州）・東アジア〜南アジア
- **棲息場所** 住宅の壁・土の中の穴・木の枝・茂みなど
- **体長** 20〜30ミリ
- **症状** 発熱・頭痛・じんましん・失神・ショック死
- **対処法** 水で洗う・道具を使って毒を出す

29

昆虫類
危険度 ☠☠☠☠

長い足で市街地を飛び回る
セグロアシナガバチ

地域	日本（本州〜九州）
棲息場所	住宅の軒下・木の枝など
体長	16〜22ミリ
症状	発熱・頭痛・じんましん・失神・ショック死
対処法	水で洗う・道具を使って毒を出す

　セグロアシナガバチは名前のとおり、長い足が特徴のハチだ。市街地によく現れるため、出くわす機会は多いはずだ。スズメバチよりは毒性や攻撃性が低いものの、アナフィラキシーショック（24ページ）により、刺されれば命に関わることもある。

　よくあるのが衣服の中に入りこんだセグロアシナガバチに刺されることだ。洗って干してあったときにまぎれこむのだろう。洗濯物事件は「ハチあるある」なので、十分気をつけよう。

30

昆虫類
危険度

たたみに棲む小さなハチ
シバンムシアリガタバチ

たたみの上で何かに刺された——こんなときまず疑うのはダニかアリだろう。しかし、ハチが犯人だということもあるのだ。

シバンムシアリガタバチは体長が3ミリにも満たないほどミニサイズで、体の形もアリにそっくり。この小さなハチが、夏、たたみやじゅうたんにウジャウジャと大発生し、人を刺すことがあるのだ。刺されて1時間ほどで痛みは消えるが、赤くはれて何日も治らない場合もある。

地域	日本（北海道～九州）・アジア・ヨーロッパ・北アメリカ
棲息場所	たたみやじゅうたんなど
体長	1.3～2.7ミリ
症状	痛み・赤くはれる
対処法	薬を塗って様子を見る

31

昆虫類

危険度 💀💀💀💀💀 外

　一度聞いたら忘れられないユニークな名前、ツェツェバエ。ツェツェとは「ウシを倒す」という意味だ。強くて大きいウシさえも倒してしまう、とんでもないハエなのだ。

　このハエは哺乳類などを刺して血を吸い、寄生虫を運ぶ。これによりアフリカ睡眠病をばらまくのだ。初期症状は寒気や頭痛、筋肉痛だが、眠り続けたり起き続けたりなど睡眠障害が出始め、悪化すると死んでしまう。まだワクチンも開発されていない恐怖の病だ。

地域	アフリカ
棲息場所	熱帯地域・サバンナ・森林
体長	8〜17ミリ
症状	高熱・頭痛・関節痛・死亡

ツェツェバエ

永遠に覚めない眠りに引きこむ

33

昆虫類
危険度 💀💀💀💀

ヒアリの毒針

地域	オーストラリア・アメリカ・台湾・中国南部・マレーシア・日本
棲息場所	芝生・海岸・草原・公園・畑など
体長	1.5～4ミリ
症状	発汗・動悸・呼吸困難・血圧低下・じんましん・死亡
対処法	つぶさないこと・体に上ってきたら静かに振り落とす・安静にして受診

刺されると火がついたように鋭く痛む
ヒアリ アカヒアリ

ヒアリは南アメリカ原産の殺人アリだ。2017年6月に兵庫県で初確認され、日本中で大きな話題となった。駆除の様子を映像で見た人も多いだろう。土や木などが運びこまれるときに日本に侵入し、兵庫県の後、愛知県、大阪府、東京都とあいついで見つかった。

非常に攻撃力が高く、巣が荒らされると集団で反撃する。人を殺せるほどの毒を持ち、北アメリカではアナフィラキシーショック（24ページ）により、これまでに80人以上が死亡しているのだ。また、ほかのアリと戦って全滅させたり、爬虫類や小動物までも襲って食べたりするという恐怖のアリだ。

ヒアリの武器

力の強いあごでターゲットに咬みつき、体をしっかりと固定させる。その後で腹の針で激しく刺す。針は毒腺につながっていて、注射のように毒液を送りこむこともできるし、ターゲットに向かって水鉄砲のように飛ばすこともできる。

巨大なアリ塚

ヒアリのアリ塚は大きいものだと直径1メートル、高さ40センチ。土で作った山のようなドーム型の巣だ。ここに棲む働きアリは、多いときで40万匹にも上る場合がある。こんな巣を荒らしたら、一体どうなることか……。

アリに刺されると

アリに刺された場所は赤くなったり、痛みやかゆみがあったり、触ると硬くなったりといった症状がある。最初はこの程度でも、何度か刺されているうちにアナフィラキシーショック（24ページ）を起こすこともある。

またアリは「蟻酸」という毒を持っていて、これを尻から敵に飛ばす。蟻酸が皮膚につくと、やけどのようになることがある。

ヒアリは「火アリ」!?

ヒアリの名前の由来は「火アリ」。刺されると火がついたように痛いからだ。鋭い痛みの後、発汗、呼吸困難、動悸などのアレルギー症状が出ることがあり、海外では死亡例も多い。死に至らなかったとしても、治療に皮膚移植が必要になったり、手足を切断しなくてはいけなかったりすることもある。

昆虫類 外
危険度 💀💀💀💀

でかいあごを持つ世界最大のアリ
モリオオアリ

地域	東南アジア
棲息場所	木の根元・地面など
体長	30〜50ミリ
症状	強い痛み・赤くはれる・かゆみ

モリオオアリは世界最大級のアリだ。その体長は3センチ。ものさしが手元にあるなら確かめてみてほしい。どう考えてもアリのサイズではないことがわかるはずだ。ちなみに、女王アリは体長5センチである。

体が大きいぶん、当然あごも大きくて強い。咬みつけばやすやすと人の皮膚を突き破り、蟻酸（36ページ）攻撃を仕掛けてくる。巨大アリを見つけたら捕まえたくなる気もするが、そんなばかげたこととは考えずに素早く距離をとるべきだろう。

37

昆虫類
危険度 💀💀

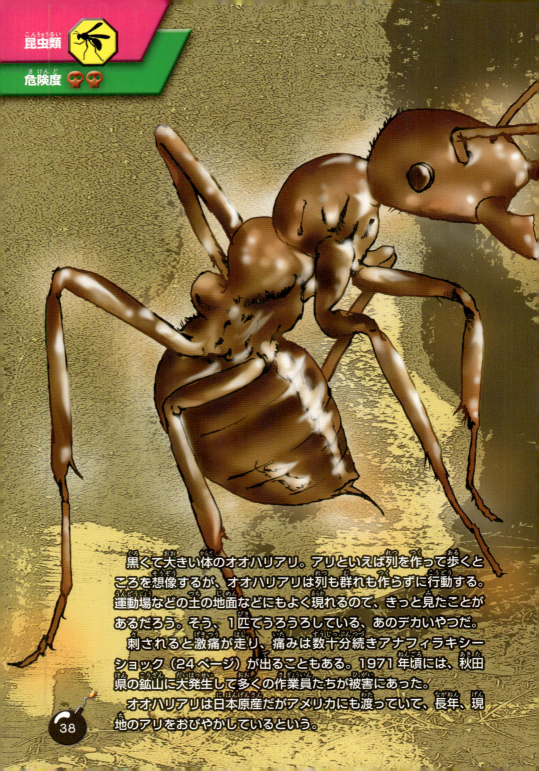

　黒くて大きい体のオオハリアリ。アリといえば列を作って歩くところを想像するが、オオハリアリは列も群れも作らずに行動する。運動場などの土の地面などにもよく現れるので、きっと見たことがあるだろう。そう、1匹でうろうろしている、あのデカいやつだ。
　刺されると激痛が走り、痛みは数十分続きアナフィラキシーショック（24ページ）が出ることもある。1971年頃には、秋田県の鉱山に大発生して多くの作業員たちが被害にあった。
　オオハリアリは日本原産だがアメリカにも渡っていて、長年、現地のアリをおびやかしているという。

オオハリアリ

黒々とした大きな体が家にも忍びこむ

腹部の先に毒針

- **地域** 日本（本州・四国・九州）・台湾・朝鮮半島・中国・ニュージーランド
- **棲息場所** 芝生・石の下・腐った木の中など
- **体長** 4.5〜5ミリ
- **症状** 強い痛み・赤くはれる・かゆみ
- **対処法** 道具を使って毒を出す

昆虫類
危険度 ☠☠☠☠☠ 外

そのあごはまるでクワガタ！
ブルドッグアリ（キバハリアリ）

　ブルドッグアリは、世界で最も危険なアリだといわれる。メスの頭部には巨大なあごがあるのだが、これはクワガタ級のでかさだ。このノコギリのような大あごでがっちりと咬みついて、太い針で刺して毒液を注入。スズメバチと戦って勝つこともあり、人の命をうばうこともある。
　100種ほど種類があり、中でも20センチもジャンプするトビキバハリアリは、飛んでいるハエも捕まえることができるというから驚きだ。

地域	オーストラリア
棲息場所	乾燥した場所・林・草原
体長	8〜25ミリ
症状	長引く強い痛み・赤くはれる・死亡

40

昆虫類
危険度 ☠☠☠☠ 外

数百万匹の軍隊が襲いかかる！
グンタイアリ

地域	中央〜南アメリカ
棲息場所	ジャングルなど
体長	3〜12ミリ
症状	強い痛み・赤くはれる・かゆみ

　軍隊のような群れで行進するグンタイアリ。群れの数は何と数百万匹〜数千万匹！
　群れが移動するその様子は、アリのじゅうたんのようだという。巣を作らずに狩りをしながら移動生活をしているため、足は長く発達している。
　ターゲットの虫や小動物などに、大群で食らいつきエサにする。また、ときには人間を襲うこともあるとか。下手に刺激を与えると、アリのじゅうたんを身にまとうことになってしまうのだ。

41

哺乳類

外

危険度 ☠☠☠☠

毛むくじゃらの体にアヒルのようなくちばしのカモノハシ。まるで妖怪のような姿をした不思議な生物だが、興味深い部分はほかにもある。哺乳類なのに卵を産むこと、そして、オスは毒を持っていることだ。

後ろ足の中に毒腺があり、管を通って蹴爪につながっていて、刺されると強い痛みが数日から数か月続く。繁殖期は特に毒が強くなり、人間の命をうばうこともあるほどだ。

この毒は狩りではなく、なわばり争いのときに使われる。人を襲うわけではないが、後ろ足に触ると危険であることには違いはない。

後ろ足に毒を隠し持つ
カモノハシ

蹴爪（けづめ）
（足のつけ根にある鋭い爪）

地域	オーストラリア東部・タスマニア
棲息場所	川・沼・湖
体長	30〜40センチ
症状	強い痛み・死亡

どこまでもつきまとう死の影

オブトサソリ デスストーカー

オブトサソリの別名はデスストーカー。死がつきまとうという意味で、死神のように不吉な名前だ。それもそのはず、このサソリは猛毒を持つ上に、性格は獰猛、そして動きはとても素早い。気づいたらストーカーのように背後にいることも可能なのだ。この能力は王の暗殺に使われたほど。あまりにも危険なため、日本では飼うことが禁止されている。

サソリといえばハサミのイメージが強いが、実はこのハサミにはあまり威力はなく、獲物を押さえる程度。ハサミで動きを封じておいて、尾の先の針で刺して毒を注入するのだ。

**無脊椎動物
節足動物**

危険度 💀

サソリが現れるのは砂漠だけではない。日本にもサソリは棲息しているのだ。黄色い体にまだら模様のマダラサソリだ。

マダラサソリの毒性は弱いが、刺されると痛みがあり、赤くなったりはれたりする。つかむと攻撃される可能性が高いので、棲息地域に住んでいる人や旅行に行く人は十分に注意しよう。

日本にはもう一種、別のサソリがいる。沖縄県のヤエヤマサソリだ。小型で黒っぽい体と短い尾が特徴で、こちらも毒性は弱め。輸入された木材などからも見つかることもある。

無脊椎動物
刺胞動物
危険度 ☠☠☠☠

　ハブクラゲは日本で一番危険なクラゲだ。名前は猛毒を持つハブ（118ページ）からつけられた。かさの大きさは10センチ程度だが、触手は1.5メートルもある。毒を持つ触手をそっとターゲットに伸ばし、刺胞（50ページ）から刺糸を発射して毒を送りこむのだ。
　刺された直後に適切な処置をとっても、激痛がしばらく残ったり、夏になる度に患部にはれと痛みが出る場合もあるという。
　1997年、6歳の少女が沖縄県でハブクラゲに刺されて病院に搬送された。意識不明となり集中治療を受けたが、3日後に亡くなっている。

毒ヘビ級の恐ろしさ！
ハブクラゲ

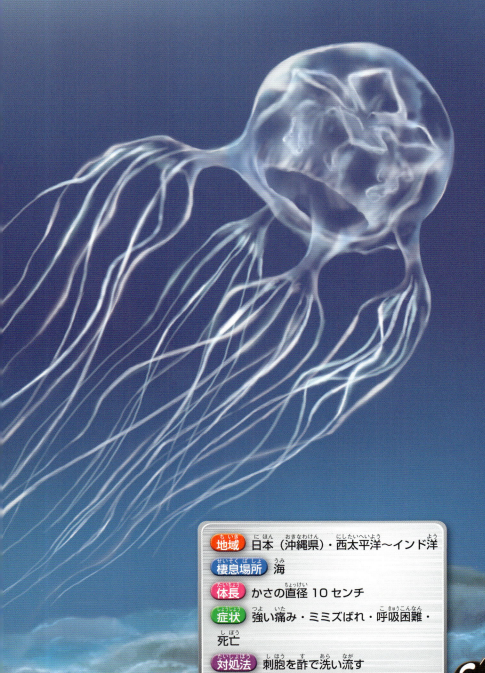

地域	日本（沖縄県）・西太平洋〜インド洋
棲息場所	海
体長	かさの直径 10 センチ
症状	強い痛み・ミミズばれ・呼吸困難・死亡
対処法	刺胞を酢で洗い流す

クラゲの武器-刺胞

クラゲは触手に「刺胞」という毒の袋を持っている。刺胞の外側には短い「刺針」が出ていて、ここに刺激を与えると毒を発射するための管「刺糸」が飛び出す。刺糸が刺さると、刺胞の中にある毒が相手に送りこまれるという仕組みになっている。

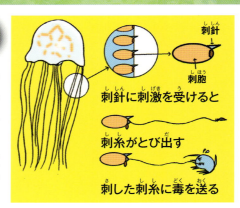

刺針に刺激を受けると

刺糸がとび出す

刺した刺糸に毒を送る

触手がからみつく

クラゲの触手が体にからみついてしまったときは、海水をかけながらピンセットなどでそっとはがす。刺胞は一気に発射されないので、そっとはがせば被害を少なくすることができるのだ。

触手がはがれても刺胞だけが残っている場合があるので、刺激は禁物。こすったりすると刺糸が発射されてしまうぞ。

酢で対抗せよ！

ハブクラゲの触手に酢をかけると、刺胞の発射を封じることができる。触手をはがすときには、酢をたっぷり使うといいだろう。しかしほかのクラゲの場合は、酢で発射をうながしてしまうことがあるので、クラゲの種類を見分けることも重要だ。

無脊椎動物
刺胞動物

危険度 💀

強い毒はないものの、夏になると大発生して人々を困らせるのがエチゼンクラゲだ。漁の網に、おびただしい数のエチゼンクラゲが入っている映像を見たことがある人も多いはずだ。

直径は通常1メートルほどだが、2メートル以上に成長することもある。巨大なかさの下には筆のような多数の触手が不気味にゆらめく。

毒は弱いので心配は無用。それよりも怖いのが、漁網に入ってしまうことだ。重みで網が破れたり、魚が大量に死んでしまったり。大発生した年には大きな被害が出て、人々の悩みの種となっている。

地域	日本・中国・韓国
棲息場所	海
体長	かさの直径1メートル
症状	軽い痛み・はれ・かゆみ
対処法	海水で刺胞を洗い流す

夏に大発生し人間を困らせる

エチゼンクラゲ

52

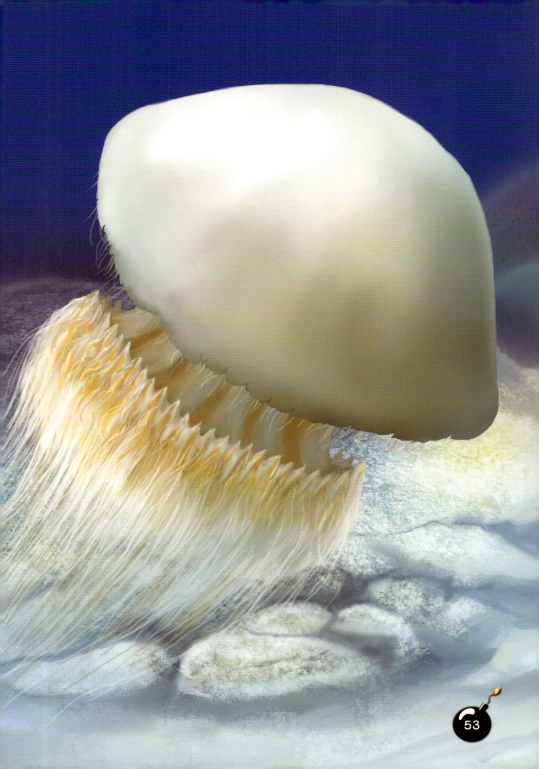

太平洋に押し寄せる電気のクラゲ

カツオノエボシ デンキクラゲ

デンキクラゲという名は有名なので聞いたことがあるかもしれない。クラゲの中で最強の毒を持ち、刺されると感電したような衝撃を受けるのがデンキクラゲ、正式名称カツオノエボシだ。

透き通ったあい色で、風船のような体をしている。この体で海をぷかぷかと漂いながら、獲物を見つけて触手を伸ばし、触れた瞬間毒針を発射する。運が良ければ痛みだけですむが、死亡する場合もある。

体は大きくないが触手は長く、10メートル以上あるものもいる。姿が見えなくても、触手がそっときみの背後に近づいているかも……。

地域	世界各地
棲息場所	海
体長	かさの直径 13 センチ
症状	激痛・ミミズばれ・呼吸困難・けいれん・吐き気・死亡
対処法	海水で刺胞を洗い流す

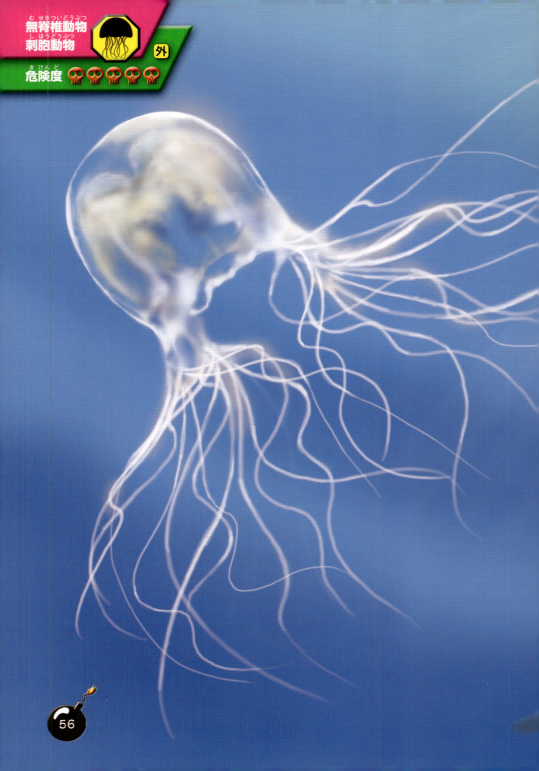

触手には世界最強クラスの毒

オーストラリアウンバチクラゲ
キロネックス

オーストラリアウンバチクラゲの持つ毒は世界最強クラスといわれている。この毒が体内に入ると、心臓や神経、細胞を壊す。死ななかったとしても、強い痛みが何週間も続く。

1955年には、このクラゲに刺された子どもが5分で死亡するという痛ましい事故もあった。たった5分で人の命をうばってしまうほど、強力な毒なのだ。

英語ではシーワスプ（海のスズメバチ）と呼ばれる。刺されたときの激しい痛みや人をも殺す毒などは、まさにスズメバチのようである。今は血清（治療に使われる液体）が作られたので、死者の数は減っている。

地域	オーストラリア
棲息場所	海
体長	かさの直径30センチ
症状	激痛・ミミズばれ・呼吸困難・けいれん・吐き気・死亡
対処法	海水で刺胞を洗い流す

イソギンチャクの中で一番危険だとされるのが、ウンバチイソギンチャクだ。イソギンチャクは触手にクラゲと同じ刺胞（50ページ）を持っている。刺されると激しく痛むのが普通だが、ウンバチイソギンチャクはレベルが違う。刺された場所が壊死し、皮膚移植や切断が必要になることがあるほどなのだ。また、腎臓障害を起こすこともある。

宮古島で46歳の男性が刺され、腎臓に異常をきたして長く治療を続けたという例がある。ウンバチイソギンチャクは岩や藻のように見えるので、海中で触ってしまわないようにしたい。

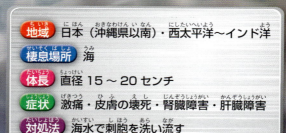

地域	日本（沖縄県以南）・西太平洋〜インド洋
棲息場所	海
体長	直径 15〜20 センチ
症状	激痛・皮膚の壊死・腎臓障害・肝臓障害
対処法	海水で刺胞を洗い流す

刺(さ)されたところが腐(くさ)っていく

ウンバチイソギンチャク

無脊椎動物
刺胞動物
危険度 ☠☠☠☠

珊瑚礁にひそむ48本の腕
ウデナガウンバチ

ウデナガウンバチは珊瑚礁などに棲みつくイソギンチャクだ。48本もある腕には短い触手がたくさんあり、その先に丸い刺胞（50ページ）がびっしりとついている。刺されると感電したような強い痛みが走り、熱が出たり吐き気に襲われたりする。痛みがひいた後も、かゆみが長引くからやっかいだ。

ウミトサカというサンゴに似ているため、間違って触ってしまう可能性がある。ダイビングのときは気をつけよう。

地域	日本（紀伊半島以南・沖縄県）・オーストラリア
棲息場所	海
体長	直径20〜30センチ
症状	激痛・はれ・強いかゆみ・発熱・吐き気
対処法	海水で刺胞を洗い流す

60

無脊椎動物
刺胞動物
危険度 ☠☠☠

流れに乗ってばらまかれる刺胞
イラモ

　一見、海藻のように見えるが、イラモはクラゲの仲間だ。クラゲほど毒は強くないが、クラゲより危険でもある。なぜなら、クラゲは触れると毒が発射されるが、イラモは触れなくても刺されてしまうのだ。

　イラモの体はとてももろく、波によってちぎれてしまうほど。それによって刺胞がばらまかれるので、近づいただけで刺されるのだ。刺されると強い痛みを感じ、はれたりかゆみが出たりする。

地域	日本（房総半島以南）・西太平洋〜インド洋
棲息場所	海
体長	直径10センチ
症状	激痛・はれ・痛がゆさ
対処法	海水で刺胞を洗い流す

61

無脊椎動物
棘皮動物
危険度 💀💀💀💀💀

　オニヒトデは珊瑚礁に棲み、ときおり大発生してはサンゴを食べつくす困ったヒトデだ。直径60センチほどの大型の体には十数本の腕が伸び、猛毒を持つ鋭いトゲが全身を覆っている。
　刺されたときの痛みは、海の危険生物の中で最高レベルだ。激痛が数時間続き、頭痛や吐き気などが出ることもある。場合によっては、刺された部分が壊死してしまう。
　2012年にはダイビングのインストラクターが沖縄県で刺され、アナフィラキシーショック（24ページ）を起こして亡くなっている。

地域	日本（紀伊半島以南）・西太平洋～インド洋
棲息場所	海
体長	直径60センチ
症状	激痛・内出血・吐き気・頭痛・死亡
対処法	トゲを取り除き爪や道具で毒と血を絞り出す・水で傷口を洗う

オレンジ色の殺人トゲに身を包む

オニヒトデ

63

人の体に残るトゲ

頑丈そうに見えるトゲだが実は折れやすく、刺さったときにトゲが折れて、人の体にいつまでも残ることがある。痛みが続く場合は早めに受診しよう。

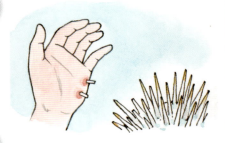

切ると増殖する！

オニヒトデを2つに切ると、それぞれが再生し、2匹になってしまう。切れば切るほど増えていくと思うと悪夢のようだが、4つ以上に切ると死んでしまうといわれている。

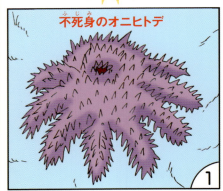

① 不死身のオニヒトデ

② 2つに切られても
スパッ

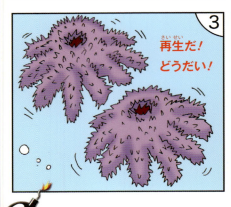

③ 再生だ！どうだい！

④ 4つ以上に切られると！もうダメだ！

無脊椎動物
棘皮動物
危険度 ☠☠☠

針のように長く鋭いトゲを振り回す
ガンガゼ

国	日本（房総半島以南）・西太平洋～インド洋
棲息場所	海
体長	殻径6～7センチ
症状	激痛・水ぶくれ
対処法	トゲを取り除く・水で傷口を洗う

ガンガゼはトゲに毒を持つウニだ。浅いところにも棲息するので、磯で遊んでいるときに足を刺される事故が多い。

ウニの特徴といえばトゲだが、ガンガゼのトゲは超ド級で長さ30センチにもなる。また、光を感じると、この長いトゲをブンブンと振り回す。

刺されたときの痛みは40～45度くらいの湯につけると和らぐ。しかし、トゲが傷口に残ることも多いので、長引く痛みなら病院へ行こう。

65

無脊椎動物
軟体動物
危険度 💀💀💀💀💀

　美しい巻き貝のアンボイナ。海岸に落ちていたら、つい拾ってしまうだろう。しかし、拾ってはいけない！この貝は、人を殺すほどの猛毒を持っている。
　刺されても蚊にチクリとやられた程度の痛みだが、10分ほどすると激痛となる。息ができなくなったり歩けなくなったり、ひどいときには死に至ることもある。症状が出たときに海の中にいたとしたら、動けなくなって溺れ死ぬ可能性も高い。
　アンボイナに刺されたけれど、たいした痛みではなかったのでそのまますごしていたら、2時間後に突然倒れて死亡したという事故も起きている。

●アンボイナの武器
　貝には口に「歯舌」と呼ばれる器官があり、獲物の肉をけずりとる役目をする。アンボイナの歯舌は特殊で、先が矢のようになっている。これをターゲットに打って猛毒を送りこむのだ。

地域	日本（紀伊半島以南）・西太平洋〜インド洋
棲息場所	海（珊瑚礁の砂地）
体長	殻高13センチ
症状	激痛・しびれ・めまい・呼吸困難・歩行困難・視力低下
対処法	毒を道具で吸い出す・毒が回らないように患部付近をしばる

毒矢を放って人を溺死

アンボイナ ハブガイ

67

魚類
危険度 💀💀💀💀💀

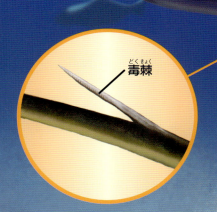

毒棘

地域	日本（北海道〜九州）・西太平洋
棲息場所	海（海底の砂や泥の中）
全長	80センチ
症状	激痛・発熱・吐き気・けいれん・下痢・失神・血圧低下・死亡
対処法	トゲを抜く（素手では触らない）

ムチのようにしなる尾はさけられない！
アカエイ

　ひらひらと海底を泳ぎ、砂にもぐるアカエイ。平べったいひし形の体には長い尾があり、尾の中ほどには「毒棘」と呼ばれる、毒を持つトゲがある。このトゲはノコギリの歯のようになっていて抜けにくい。

　夏には浅い海までやってくるので、海水浴のときなどは注意が必要だ。うっかり踏んでしまうと、即、尾をムチのようにブンと振って反撃に移るため、逃げるひまなどない。

　後ろからエイに近づこうとしただけで刺され、亡くなった人もいる。死んだエイでもトゲの威力は残っているので、死骸にも決して触ってはいけない。

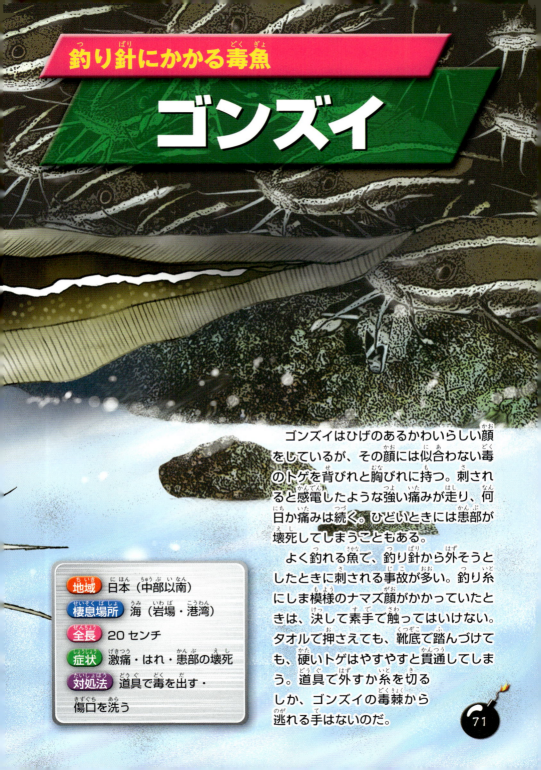

釣り針にかかる毒魚
ゴンズイ

ゴンズイはひげのあるかわいらしい顔をしているが、その顔には似合わない毒のトゲを背びれと胸びれに持つ。刺されると感電したような強い痛みが走り、何日か痛みは続く。ひどいときには患部が壊死してしまうこともある。

よく釣れる魚で、釣り針から外そうとしたときに刺される事故が多い。釣り糸にしま模様のナマズ顔がかかっていたときは、決して素手で触ってはいけない。タオルで押さえても、靴底で踏んづけても、硬いトゲはやすやすと貫通してしまう。道具で外すか糸を切るしか、ゴンズイの毒棘から逃れる手はないのだ。

- 地域　日本（中部以南）
- 棲息場所　海（岩場・港湾）
- 全長　20センチ
- 症状　激痛・はれ・患部の壊死
- 対処法　道具で毒を出す・傷口を洗う

71

ゴンズイの武器①

たてがみのように背中を走る背びれにはトゲがなく安全。トゲがあるのは頭の後ろにある三角の背びれと、顔の脇にある胸びれだ。太くて硬く、のこぎりのようにギザギザとしたトゲをしている。

ゴンズイの武器②

体の表面に、毒の粘液をまとっていることがわかってきた。傷口などから体内に入ってしまうので、素手では決して触らないこと。

さわっちゃダメ！！

からだのネバネバキケンだよ！！

ゴンズイ玉

幼いゴンズイは数十匹〜数百匹で泳ぐ習性があり、丸く集まるので「ゴンズイ玉」と呼ばれる。

ゴンズイ玉は海水浴などでもよく見かける。おもしろがって手を伸ばしてしまうと、毒の粘液がきみにまとわりつくことになるぞ。

▲ゴンズイ玉と呼ばれる群れ

美しさの裏に秘めた毒

ミノカサゴ

薄布をつけて漂っているかのように見えるミノカサゴ。ひれを広げた姿は美しく優雅だが、これは威嚇のポーズだ。頭、背びれ、腹びれ、尻びれと多くの場所に毒を持ち、刺されると強く痛んではれる。ひどい場合は呼吸困難や発熱、最悪の場合は死亡することもある。

西表島では、波打ち際の浅い場所でミノカサゴに刺された男性がいる。岩の陰に隠れていることに気づかずに手を伸ばしてしまったそうだ。男性は痛みの症状だけで治まったが、浅い場所にもこういった危険生物はいるので、注意が必要だ。

地域	日本・朝鮮半島・西太平洋
棲息場所	海（岩礁・珊瑚礁）
全長	25センチ
症状	激痛・はれ・発熱・吐き気・呼吸困難・患部の壊死・死亡
対処法	傷口を洗う・トゲを抜く

75

魚類(ぎょるい)
危険度(きけんど) 💀💀💀

　カサゴの仲間、ミノカサゴ（74ページ）は華やかな姿をしているが、オニカサゴも赤っぽい色をした派手な魚だ。体全体にひげのようなビラビラとした「皮弁」がついていて、大型ではあるものの岩や海藻の色に混じって見つけにくい。
　ひれの中にある毒腺は毒棘につながっていて、ひれに刺さったものに毒液を送りこむ。毒が強く、刺されると激痛があるために恐れられ、英語ではスコーピオンフィッシュ（サソリ魚）と呼ばれるほどだ。
　とてもおいしく食用として人気があるが、毒の知識がないまま手を出すと痛い目にあうかもしれない。

76

岩にひそむサソリ魚
オニカサゴ

- **地域** 日本（中部以南）・東アジア
- **棲息場所** 海（岩礁・珊瑚礁）
- **全長** 25センチ
- **症状** 激痛・はれ・発熱・吐き気・呼吸困難・患部の壊死・死亡
- **対処法** 傷口を洗う・トゲを抜く

魚類
危険度

78

被害の多い食用魚

アイゴ

食用魚として知られるアイゴは釣り人からも人気で、そのぶん、毒棘の被害にあう事故も多い。釣り上げて、針から外すときに刺されてしまうのだ。背びれ、腹びれ、尻びれに毒があり、アイゴが死んでも毒の効き目は続く。

幼魚は浅い場所に群れを作って泳いでいる。まだ子どもであるにもかかわらず、成魚と同じ場所に強い毒を持つ。

刺されると激痛が何日も続き、傷口は小さいが大きくはれ上がる。場合によっては呼吸が苦しくなったり、意識を失ったりすることもある。

地域	日本（本州・沖縄県・小笠原諸島）
棲息場所	海（岩礁・珊瑚礁）
全長	30～40センチ
症状	激痛・全身麻痺・呼吸困難・意識不明
対処法	洗いながら毒を絞り出す

魚類
危険度

ゴツゴツした体で砂の中でじっとしているため、岩にしか見えないオニダルマオコゼ。体つきはダルマのように丸く、顔はオニのように怖い。
　刺されたときの痛みは強烈で、その場で意識を失うほど。海の中にいるときなら、溺れ死んでしまう可能性もある。毒の量が多いため、刺されたらすぐに病院へ行くこと。ちょっと様子を見てから……などと思っていたら命が危ない。
　1983年に、太ももを4か所刺された男性が意識を失った。人工呼吸など応急処置を施したが、救急車の中で亡くなっている。

地域　日本全国
棲息場所　海（岩礁・珊瑚礁・砂地）
全長　40センチ
症状　激痛・はれ・発熱・頭痛・吐き気・全身麻痺・関節痛・呼吸困難・意識不明・死亡
対処法　傷口を切り開いて毒を出す・トゲを抜く・すぐ病院へ行く

その痛みは気絶するほど！
オニダルマオコゼ

81

トゲはまるで刃物！

背びれ、腹びれ、尻びれに毒のトゲがある。これが非常に太くて頑丈で、ビーチサンダルの底くらいなら簡単に貫通してしまう。

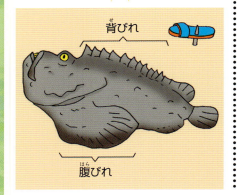

巨大な毒袋

トゲの奥に持っている毒袋は大きく、注入する毒の量がけた違いに多い。毒棘が3〜4本刺さったら死んでしまうといわれるほどだ。

どれだけ殺せる？

オニダルマオコゼ1匹の毒で、1万2千〜2万5千匹ぐらいのマウスが殺せるという。人間だと大人4人を死亡させるほどの強力な毒だと考えられている。

危険は海だけではない！

高級魚として取引されるため、鮮魚店の店頭に並んでいることもある。売り物のオニダルマオコゼに、従業員の手が刺されるという事故も起こっている。

吸血(きゅうけつ)

血(ち)を吸(す)うだけではなく、
危険(きけん)なウイルスを媒介(ばいかい)する
コガタアカイエカなど、
人(ひと)に食(く)いつく
危険生物(きけんせいぶつ)
9

昆虫類

危険度 💀💀💀

「ヤブカといえばこいつだ！」というくらい多く見られるヒトスジシマカ。黒と白のしま模様で、刺されるとたまらなくかゆくなる憎たらしいやつだ。かゆみは何分かたてば治まるが、発熱することもある。ヒトスジシマカが運ぶ感染症に「デング熱」がある。これに感染すると、高熱、悪寒、発疹などの症状が現れ、場合によっては死に至る。1942年頃には大阪府や長崎県で大流行し、最近では2014年に東京都の代々木公園の力が原因とされる患者が出て、大きな話題となった。またジカ熱、黄熱なども媒介し、これらも死者を出すことがある。

地域	日本（本州以南）・朝鮮半島・中国・東南アジア・南北アメリカ・オーストラリア北部など
棲息場所	人家の近く・水のあるところ・草木のあるところ
体長	4〜5ミリ
症状	かゆみ・はれ・患部が硬くなる・発熱・デング熱・ジカ熱・黄熱
対処法	何日もかゆいときには病院へ

シマシマ模様のかゆいやつ
ヒトスジシマカ

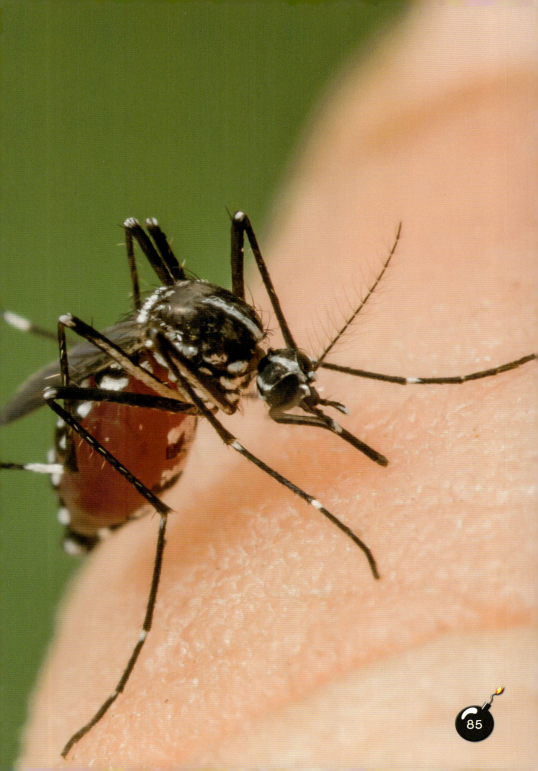
85

これが吸血するための口だ！

口からストローのように突き出ているのは、下くちびるだ。その中に6本の針がおさまっている。針にはそれぞれ役割がある。

■上くちびる1本…血を吸う
■大あご2本…上くちびるを支える
■小あご2本…皮膚に穴を開ける
■咽頭1本…かゆみの毒を注入する

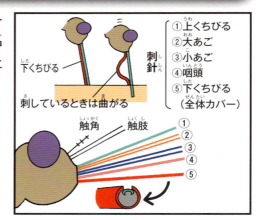

ヒトスジシマカの幼虫はこんなところで発生する

幼虫は自宅近くでは「雨水マス」や「植木鉢の受け皿」など、そのほかでは、「マンホールの中」や「古タイヤの内側」、「墓石の花立て」など、雨水がたまりやすい場所で発生する。

植木鉢の受け皿

雨水マス

古タイヤの内側

攻撃は最大の防御!?

2018年1月の学術誌『Current Biology』に、驚きの論文が発表された。カは自分をたたこうとした人物のにおいを覚えていて、24時間以上その人を攻撃しないというのだ。

カを素手で退治するのはなかなかむずかしいものだが、これによると、外してもいいからパンパンと攻撃するのがよさそうだ。ただし、効果がないこともある。

血を吸われるとなぜかゆくなる？

血は血管に傷が入ると固まるという性質を持っているので、針を刺しても血が吸えない。そのため、血を固まりにくくする成分を入れながら吸血する。この成分が体に入るとアレルギー症状が出て、かゆくなるというわけだ。

昆虫類
危険度

88

小さい体で日本脳炎を運ぶ
コガタアカイエカ
コガタイエカ

　イエカの仲間は種類が多い。日本中で一番よく遭遇するイエカが「アカイエカ」という種で、コガタアカイエカはこれより一回り小さいサイズのものだ。小さいとはいえ危険度は高く、刺されたときのかゆみやはれがあるのはもちろんのこと、日本脳炎のウイルスを媒介する。

　日本脳炎になると、まず高熱や吐き気などが出る。その後、意識を失ったりけいれんしたりして、治っても後遺症が残ることがある。感染しても発病するのは100～1000人に一人と少ないが、ひとたび発病すれば20～40％もの人が死亡する。

　日本脳炎ワクチンは、3歳から12歳までに全4回接種をし、完了すると抗体ができてかかりにくくなる。

地域	日本各地・朝鮮半島・中国・東南アジア・アフリカ
棲息場所	池、沼、水田など水のあるところ
体長	4～5ミリ
症状	かゆみ・はれ・患部が硬くなる・日本脳炎
対処法	何日もかゆいときには病院へ

昆虫類
危険度 💀💀💀

シロフアブは胸や背中に黒色と灰色のしま模様のあるアブだ。アブはハエと似ているので、普段見逃してしまっているかもしれない。ハエよりも体が少し大きめで、少し動きが鈍いといったところが特徴だ。

大きいあごで皮膚を切り裂いて吸血するので、刺された瞬間から痛みがある。出血とともにはれやかゆみが出るほか、かきむしってしまうと慢性痒疹となって皮膚にこぶができ、半年以上も治らないケースもある。

アブは成虫だけでなく、幼虫も人を攻撃する。シロフアブの幼虫は水田にいることも多いため、素足に食いつかれる可能性も高い。

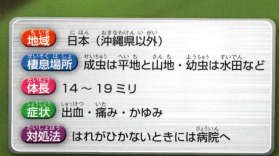

地域	日本（沖縄県以外）
棲息場所	成虫は平地と山地・幼虫は水田など
体長	14～19ミリ
症状	出血・痛み・かゆみ
対処法	はれがひかないときには病院へ

90

幼虫も要注意
シロフアブ

ターゲットはネコ、イヌ、人……

ネコノミ

ネコノミはネコだけでなくイヌや人にも寄生する。ノミによる吸血被害の多くがネコノミのしわざだ。小さい体をしているが足が発達していて、体長の100倍の高さまでジャンプすることができるので、いろいろな宿主を見つけることが可能だ。人間は、すねなどひざから下がよく被害にあう。

刺されると、とても強いかゆみに襲われ、水ぶくれができることもある。また、ネコひっかき病の病原体を運び、ネコに感染させる。そして、感染したネコにひっかかれた人は、熱が出たり関節痛になったりするのだ。

地域 世界各地

棲息場所 たたみ・じゅうたん・ペットや人間の体

体長 1.6〜3.5ミリ

症状 痛み・かゆみ・皮膚炎・ネコひっかき病

対処法 炎症がひどいときは病院へ

無脊椎動物
節足動物

危険度 💀💀💀

夜になるとはい出して人間を襲う！

トコジラミ ナンキンムシ

地域	日本・世界の温帯地域
棲息場所	木造住宅・たたみの裏・家具の裏
体長	5〜8ミリ
症状	痛み・かゆみ・皮膚炎
対処法	かゆみがひかないときは病院へ

　トコジラミはシラミではなく、カメムシの仲間だ。夜行性で昼間はたたみの裏などに隠れていて、夜になると出てきて人間やペットなどの血を吸う。刺されると激しいかゆみがあり赤いブツブツができる。
　戦後には日本中にいたが、殺虫剤により1970年頃にはほとんど見かけなくなった。しかし、2000年頃からテレビなどで取り上げられるほど被害が急増している。夜になると活動を始めるので、駆除しない限りかゆみと痛みで眠ることはできないだろう。

無脊椎動物
節足動物

危険度 💀💀💀💀

人に深く食いついて1週間離れない
ヤマトマダニ

　ヤマトマダニはダニ媒介性脳炎を運ぶ。発熱やけいれんや意識不明などの症状の後、ものごとの判断能力を失ったり、死亡したりする恐ろしい病気だ。
　植物の葉の裏などにひそんでいて、通りかかる動物に食いつく。長い口を獲物の皮膚に深く差しこんで吸血し、満腹になるまで離れない。無理にはがそうとしたり手で触ったりしていると、ポロリと取れることがある。このとき、口は食いついたままで体内に残ることが多く、取り出すため切開手術が必要となる。

地域	日本・ロシア～東南アジア
棲息場所	山地・平地
体長	2～20ミリ
症状	痛み・かゆみ・はれ・頭痛・筋肉痛・ダニ媒介性脳炎
対処法	熱やだるさが出たときは病院へ

95

血を吸った成虫

吸血すると体が5倍にふくれ上がる！

タカサゴキララマダニ

タカサゴキララマダニは、哺乳類、爬虫類、鳥類などに寄生するダニで、人間もよく被害にあう。草むらなどに隠れていることが多いので、下半身に寄生しやすい。

口の部分にはハサミのような器官があり、皮膚を唾液で溶かしながら切り開き、口を差しこんで吸血するのだ。小さな体だが、吸血して満腹になると玉のようにふくれ上がり、5倍ほどの大きさになる。

刺されるとSFTSや日本紅斑熱になることがある。どちらも重症になると死ぬことがある恐ろしい病気だ。

●SFTS

2011年にウイルスが確認された新しい病気。2013年に日本でも見つかった。だるさ、吐き気、腹痛などから始まって、死亡する場合もある。

●日本紅斑熱

ダニに刺された部分が赤くはれて全身に発疹が現れるのが特徴で、毎年200人以上の患者が出る。高熱が出て、死亡する場合もある。

地域	日本・台湾・中国・東南アジア～南アジア
棲息場所	山地・平地
体長	5ミリ
症状	痛み・かゆみ・はれ・頭痛・筋肉痛・SFTS・日本紅斑熱
対処法	熱やだるさが出たときは病院へ

97

無脊椎動物
節足動物

危険度 💀💀💀

皮膚の下に穴を掘って進んでいく
ヒゼンダニ

ヒゼンダニは人の皮膚の下に棲みつくダニだ。皮膚の下にもぐりこんで、トンネルのように穴を掘って進んでいくというから、ホラー映画のようである。1ミリにも満たない体で掘るトンネルの長さは、数センチにもなる。恐ろしい虫だが、人間の体を離れると生きていけない弱い虫でもある。

寄生されると、疥癬という皮膚病を引き起こし、眠れないほどのかゆみに襲われる。また、皮膚が分厚くザラザラになってしまうこともある。カサブタやアカなど、はがれ落ちた皮膚にもダニは残っていて、これに触れると伝染してしまう。

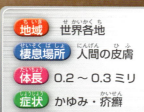

地域	世界各地
棲息場所	人間の皮膚
体長	0.2〜0.3ミリ
症状	かゆみ・疥癬
対処法	炎症がひどいときは病院へ

無脊椎動物
環形動物

危険度 💀

●ヤマビルの口器

　ヤマビルは、触角のないナメクジのような姿をした生物で、哺乳類などの皮膚に吸いついて吸血する。動物の息や動きを感じ取る能力を持ち、獲物が通りかかるまで待ちぶせするのだ。枯れ葉の下などにひそんでいて、人間が近づくとヘビのように頭を上げて、取りつくかっこうをする。
　吸いつかれた瞬間は、痛みなどはほとんどないので血を吸われていることに気づきにくい。服のすき間などにもぐりこむことも多く、衣服や靴を脱いだ後、出血に驚くこととなる。雨や雨上がりの日などじめじめしているときによく現れるので、注意が必要だ。

地域	日本（本州）
棲息場所	山・森林
体長	2〜3センチ
症状	痛み・かゆみ・出血
対処法	水洗いして止血し、道具で毒を吸い出す

人間を待ちぶせして気づかないうちに吸血

ヤマビル

ヒルの唾液ヒルジン

ヒルの唾液には、血が固まらないようにする物質「ヒルジン」が含まれている。ヒルジンの作用により、ヒルを取り除いても血がなかなか止まらない。まずは、患部からヒルジンを洗い流すことだ。

ヒルの体

体の両端が吸盤になっていて、尺取り虫のような動きで前進する。前の吸盤に歯がついていて、これで吸血するのだ。

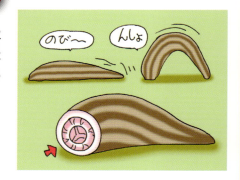

ヤマビルとチスイビル

陸にはヤマビルがいるが、川や池にはチスイビルが隠れていることがある。体の特徴や行動は、ヤマビルとほぼ同じだ。

爬虫類
危険度 💀💀💀

　日本各地で存在が確認されているカミツキガメは、もともとは日本にはいなかった外来生物だ。ペットとして輸入され、安く販売されていたものが捨てられて各地に棲みついたと考えられている。育てるのは簡単だが、大型であることと、凶暴であることが捨てられる原因のようだ。寒いところでも暑いところでも平気なので、日本中に広がった。

　目の前にあるものは何にでも咬みつく習性があり、あごの力が強いので、咬まれれば大けがをする可能性がある。獣のように鋭い爪でひっかくこともあるという。見つけても手を出してはいけない。

- **地域** 日本各地・北アメリカ〜南アメリカ北西部
- **棲息場所** 池・沼・湖
- **体長** 甲長49センチ
- **症状** けが
- **対処法** けがをした場合は病院へ

外来生物と在来生物

もともとは日本にいなかった生物を「外来生物」、昔から日本にいた生物を「在来生物」と呼ぶ。外来生物は、輸入の材木などに付着して侵入することもあるし、ペットとして飼われていたものが逃げたり捨てられたりしてその土地に定着することもある。棲みついた場所の在来生物を食い荒らしたり、絶滅させたりする恐れもあるので、各地で捕獲作業も展開されている。

カミツキガメの特徴

- ●尾が長い
- ●甲羅はなめらか
- ●甲長は500ミリリットルのペットボトルの2倍くらい
- ●太い手足

● 腹の甲羅は小さい

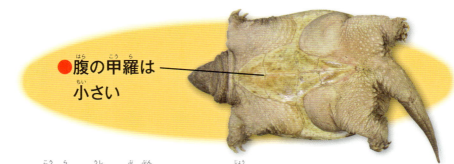

● 甲羅の後ろ部分がのこぎり状にギザギザとしている

● 甲羅が濃い茶色～オリーブ色

● 頭が大きい

● 鋭い爪

107

爬虫類
危険度 💀💀💀

でかい体で人の指を食いちぎる！

ワニガメ

108

ワニのように凶暴なカメ、ワニガメ。外来生物で、飼っていたものが捨てられて日本の池などに広まったと考えられている。とても大きく、甲羅の長さは80センチ、体重は113キロにもなる。

　ゴツゴツととがったふくらみが3列に並んだ甲羅。甲羅の縁はノコギリ状になっていて、爪はとても鋭い。顔や手足もゴツゴツイボイボで、まるで恐竜のようにも見える。

　強力なあごは人間の指を食いちぎるほどの力を持つ。水の中で出会うと逃げていくが、陸に上がると非常に凶暴になる。

地域	日本各地・アメリカ南東部
棲息場所	池・沼・湖
体長	甲長80センチ
症状	けが
対処法	けがをした場合は病院へ

● ワニガメの口
　ワシのようにカギ状になったするどいくちばしを持つ。口を開けると小さな舌が赤く見えて、これがルアーの役目となり、魚をおびき寄せて食べる。

爬虫類
危険度 💀💀💀

● 首が長く伸びる

● 食中毒を起こす可能性あり
高級食材として好まれるスッポンだが、サルモネラ菌を運ぶので食中毒を起こすこともある。生き血や刺身など、火を通さない料理は注意したほうがいいかもしれない。

地域	日本（本州以南）・東南アジア
棲息場所	池・沼・湖
体長	甲長 15～35 センチ
症状	けが・食中毒
対処法	けがをした場合は病院へ

一度咬みついたらはなさない
スッポン <small>ニホンスッポン</small>

カメの仲間、スッポン。甲羅が平たく、革製品のような皮膚に背中が覆われているのが印象的だ。首が長く伸び、素早い動きで咬みつこうとし、一度咬みついたら簡単に引き離すことができない。歯は刃物のように鋭く、爪も凶器のようにとがっている。安全のために甲羅の部分を持ったとしても、首が長く伸びて咬まれてしまうこともある。

家庭で飼っていたスッポンに、指先をかじり取られてしまったという事故も起こっている。首を伸ばして咬みつく素早さは驚くほどで、手を引っこめる暇などなかったとか。

爬虫類
危険度 💀💀💀💀💀

ニホンマムシに咬まれると針で刺されたような痛みがあり、翌日からはれや痛みなどが強くなる。おとなしい性質で積極的に襲ってくることはないが、気づかずに近づいてしまうと攻撃される。音もなく突然飛びかかってくるので、気づいたときには手遅れだろう。ハブより強い毒を持つが量が少ないので、早く手当てをすれば命を落とすことは少ない。

80代の男性が手を咬まれたため、病院で毒液を出すなどの治療を受けたが、3日後に腎不全で死亡する事故が起きている。治療後、患部が壊死し、腕や上半身がはれ、嘔吐などの症状が出ていたという。

地域	日本（沖縄県以外）
棲息場所	森林・田畑・雑木林
全長	40～65センチ
症状	けが・窒息・患部の壊死・破傷風・死亡
対処法	水分を多くとる・すぐに病院へ行く

112

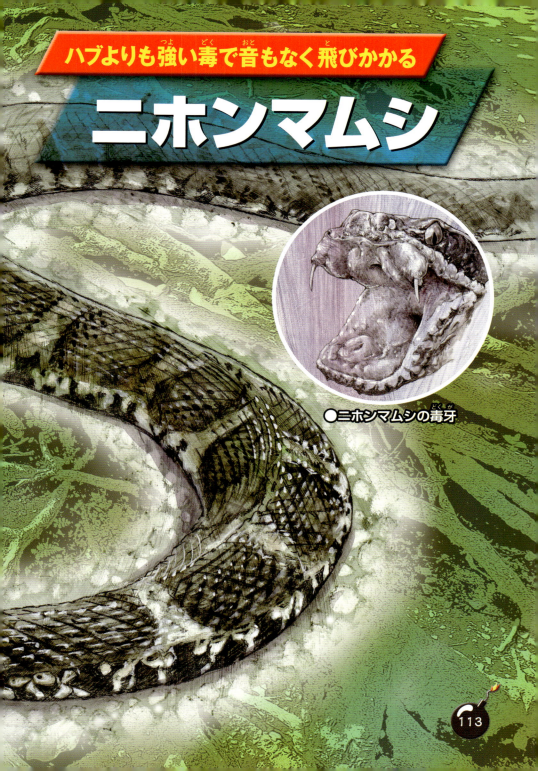

ハブよりも強い毒で音もなく飛びかかる

ニホンマムシ

●ニホンマムシの毒牙

暗闇の中でも生物を見つける『ピット』

ピット

ニホンマムシの特徴

・太めで短く、ずんぐりとした体。
・楕円形の中央に丸い斑点のある、銭形模様が全身に並ぶ。
・茶色っぽい。

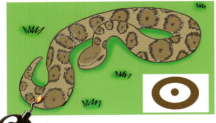

色違いがたくさん！

　茶色っぽい体に銭形模様が最も多いが、全体が赤みを帯びていたり、青っぽい色をしていたり、模様がない場合もあったりする。体の模様や色だけで見分けるのは危険だ。

鼻の脇に「ピット」という器官があり、熱を感じることができる。マムシの仲間は夜行性だが、ピットを使って暗闇でも獲物を見つけられるのだ。

ピット

夜行性だから昼は出てこない？

夜行性ではあるものの、夏は昼間も活動する。腹に卵を持ったメスがひなたぼっこをしていることも多い。保護色で見つけづらいが、落ち葉の上や草むらを歩くときには注意しよう。

115

●首の背面に毒腺

地域	日本（沖縄県以外）・中国
棲息場所	森林・水田・川の近く・湿った場所
全長	70〜150センチ
症状	血便・頭痛・発熱・全身の出血・死亡
対処法	道具で毒を吸い出す・毒を浴びたときは洗い流す・すぐに病院へ行く

咬まれれば体中から血が吹き出す！
ヤマカガシ

おとなしいため、咬まないヘビだとすらいわれていたことのあるヤマカガシだが、正体は猛毒の持ち主だ。口の奥にある毒牙から送りこまれる毒は、血液の固まる働きを狂わせる。そのため、皮下出血や脳内出血、鼻血や血便や血尿、目が真っ赤に充血、口から血を吐くなど、全身のあらゆるところから出血の症状が出る。まるで地獄絵図のようだ。治療しないと、脳内出血により死亡することもある。

首の後ろにも毒腺があり、触ったりたたいたりするとうすい黄色の毒液を飛ばす。目に入ると激痛と炎症が起きる毒液だ。

117

爬虫類
危険度 💀💀💀💀💀

日本最強の毒ヘビ

ハブ
リュウキュウハブ / ホンハブ

- **地域**：日本（沖縄県・奄美群島）
- **棲息場所**：森林や田畑など植物のあるところ・川の近く
- **全長**：1〜2メートル
- **症状**：激痛・はれ・患部が溶けて壊死・死亡
- **対処法**：道具で毒を吸い出す・すぐに病院へ行く

　日本最大・最強の毒ヘビ、ハブ。大きいものだと2メートル以上にも成長する。自然の中はもちろんのこと屋内にまで出没、家の敷地内で咬まれるケースが最も多く、木の上などから突然襲われることもある。
　体が大きいぶん多くの毒を持ち、死亡につながる事故も多い。毎年100人もの被害者を出しているが、現在は血清が広く使われるようになったため、死者は減っている。血清治療は咬まれた後30分以内が望ましく、遅くなると手遅れになることもある。2014年には奄美群島で手を咬まれた男性が治療を受けたものの、3時間後に亡くなっている。

ハブの見分け方

- 細い首。
- 三角形の大きい頭。
- 茶〜黄の体色、濃い茶色のくさり模様。ただし、個体差がある。

ハブの分布

ハブは鹿児島県のトカラ列島（種子島から与論島）から、沖縄県の八重山諸島（石垣島から与那国島）にかけて生息している。なかでも、トカラハブはトカラ列島の宝島・小宝島、タイワンハブは沖縄本島、サキシマハブは沖縄本島や石垣島・西表島にいる。

ハブに咬まれると…

- 患部に開いた牙の穴からひどく出血し、激痛がある。
- 患部のはれ、炎症。
- 患部が溶けて壊死。

爬虫類
毒指数 💀💀💀💀💀

国内外来生物として広がる驚異
サキシマハブ

サキシマハブは、ハブ酒の原料にされる種類で、普通のハブ（118ページ）より少々小型だ。攻撃性、毒性ともにハブよりは低めだが死者が出ていて、毎年数十人のけが人も出ている。治療後も、筋肉の壊死や運動障害などの後遺症が残ることもある。

もともと八重山諸島だけに棲んでいたが、本来いないはずの糸満市で多く発見されている。観光施設で飼われていたものが盗難され、後に捨てられて定着し、数がどんどん増えたと見られている。人が危険な目にあうだけでなく、国内外来生物は土地の生態系を壊す恐れがあり、問題視されている。

地域	日本（沖縄県）
棲息場所	森林や田畑など植物のあるところ・川の近く
全長	60～120センチ
症状	激痛・はれ・患部が溶けて壊死・死亡
対処法	道具で毒を吸い出す・すぐに病院へ行く

121

キングの名を持つ毒蛇の王者

キングコブラ

キングコブラは世界最大の毒ヘビであり、強い毒を持つヘビの一種だ。一咬みの毒で人間20人、ゾウなら1頭を殺すことができる。

大きいものだと体長5メートル以上。イヌのようにうなりながら鎌首をもたげ、顔の下をうちわのように大きく広げて敵に襲いかかる。このとき、人間の顔の高さくらいなら攻撃できるという。

2016年、インドネシアでステージの演出に使われていたキングコブラが歌手に咬みついた。歌手が誤って尾を踏んでしまい、反撃を受けたのだ。そのままステージは続けられ、45分後に亡くなった。

地域	インド東部〜東南アジア
棲息場所	森林近く
全長	3〜5.5メートル
症状	激痛・はれ・患部が溶けて壊死・死亡
対処法	道具で毒を吸い出す・すぐに病院へ行く

※ 鎌首…伸び上がるように首をまっすぐ立てた状態。

アフリカニシキヘビは、ニシキヘビの中で最も凶暴だ。ニシキヘビの仲間は毒を持たないが絞めつける力がとても強く、動物を絞め殺しては丸飲みにする。また、アフリカニシキヘビの歯は大きく、絞めつけられなくても咬まれれば大けがを負う。

ヘビの口は上と下のあごが2つの関節でつながっているため大きく開くことができ、さらに胸骨がないので胴体の皮膚がよく伸びる。この体だからこそ、絞め殺した獲物を丸飲みすることができるのだ。シカ程度の大きさなら飲みこんでしまうので、人間の子どもくらいなら朝飯前だろうか……？

大きな哺乳類を丸飲み！

アフリカニシキヘビ

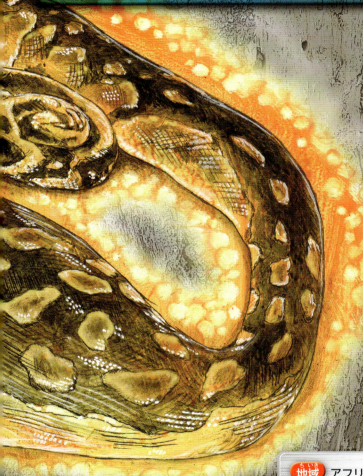

地域	アフリカ中部〜南部
棲息場所	森林・サバンナ
全長	3〜9メートル
症状	深い傷・死亡

70キロ以上の体重で襲いかかる

アミメニシキヘビ

アミメニシキヘビは10メートルまで大きくなることがある巨大ヘビだ。体重は75キロにまでなるというから、成人男性並みの重さだ。筋肉が発達して力があり、人を食べることもある。2012年、茨城県のペットショップで経営者の男性が全長6.5メートルのアミメニシキヘビに襲われて死亡する事故が起きている。2017年にはインドネシアで全長7メートルのアミメニシキヘビの腹から成人男性が、2018年には成人女性の遺体が見つかった。だが、ヘビが大人の体を丸飲みするのは珍しいという。肩の骨がつぶれにくく、飲みこむときに邪魔になるからだ。

地域 東南アジア

棲息場所 森林・サバンナ・人家周辺

全長 5〜10メートル

症状 深い傷・死亡

爬虫類

危険度 💀💀💀💀

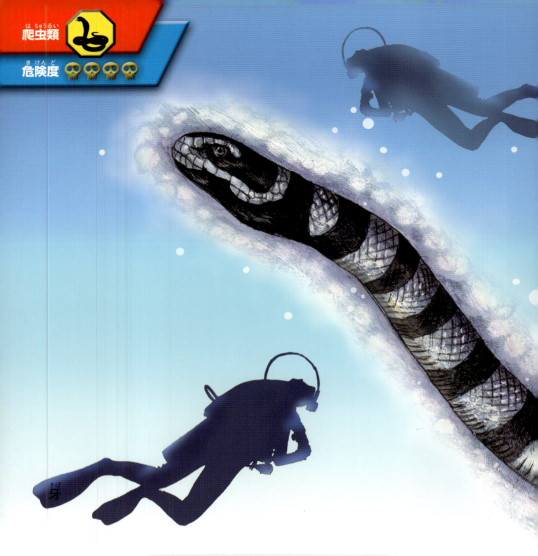

牙

地域	日本（南西諸島）
棲息場所	海（珊瑚礁域）
全長	1.1 ～ 1.8 メートル
症状	呼吸困難・しびれ・視覚障害・死亡
対処法	毒を器具で吸い出す・気分が悪くなったら病院へ

高い攻撃性により国内で事故多発

マダラウミヘビ

　ウミヘビはおとなしいものが多いが、マダラウミヘビは攻撃性が高い。咬まれたときに痛みはあまりないが、数十分〜数時間後に筋肉痛やしびれや運動障害などの症状が出始め、重症になると死亡する。筋肉の破壊が進んでくると、尿が赤黒くなってくるのがサインだ。

　1951年には8歳の少年が手を咬まれ、死亡する事故が起きている。咬まれて1時間後に気分が悪くなり、自宅での手当ての後、病院に搬送されたが、翌朝亡くなった。少年は筋肉の痛みをうったえ、赤黒い尿をしていたという。

爬虫類
危険度 ☠☠☠☠
外

450キロの体重で住宅地にまで姿を見せる
アメリカアリゲーター ミシシッピワニ

絶滅が心配されていたが、保護活動が成功し、数が増えてきたのがアメリカアリゲーターだ。また、棲息地近くまで人間の住宅地を広げてしまったため、ワニと出くわす機会が増えて、危険度は高まっている。
魚やカメなどの水辺の生き物や、小さい哺乳類をエサにするが、人間を襲うこともある。大きな獲物を狩るときは強いあごで咬みつき、体をくるりと回転させて獲物の肉をねじ切る。人間が襲われても、こうして肉を食いちぎられることだろう。

地域	北アメリカ南東部
棲息場所	池・川・沼
全長	4〜6メートル
症状	深い傷・死亡

爬虫類  外
危険度 ☠☠☠☠☠

水中で獲物を待ちぶせる
ナイルワニ

ナイルワニは人食いワニとして知られていて、毎年200人もの犠牲者を出す。池や川など水に近いところに暮らしていて、川に水を飲みにくるシマウマやカバなどの動物をねらうが、無差別に襲いかかるので人間もターゲットとなってしまう。現地の人間が洗濯などで川に近づいたときに襲うのだ。

大きいものでは体長6メートル、体重700キロを超えるので、人間が太刀打ちできるわけはない。アフリカでは最も危険な動物のひとつだといわれている。

地域	アフリカ・マダガスカル
棲息場所	池・川・沼
全長	4.5～5.5メートル
症状	深い傷・死亡

哺乳類

危険度 💀💀💀💀💀

　ヒグマは日本の野生動物で最も大きく、最も強い存在だ。体長は大きいもので3メートル近くにまで成長する。一階建の家がおよそ3メートルだ。立ち上がると家の高さほどもある猛獣と出くわしたら、生きた心地はしないだろう。がっちりとした巨体で怪力を持ち、鋭い牙とかぎ爪で人を襲い、食べてしまうことがある。

　理由もなく人を襲うことはないが、何かのきっかけで襲うようになることもある。1915年に北海道で、山から下りてきたヒグマが民家を次々と襲い、7人が食い殺される大事件が起きている。

地域	日本（北海道）・北アメリカ・ユーラシア北部
棲息場所	山・林・森
体長	1～2.8メートル（オスは2メートル以上）
症状	深い傷・死亡
対処法	うつぶせになって腹を守る・手やカバンなどで背中や後頭部を守る・けがをした場合は病院へ

日本の野生動物で最強

ヒグマ

全身が凶器!!

- 目…夜でもよく見えるが、遠くを見るのは苦手。
- 鼻…数キロ先のにおいをかぎ分ける。
- 耳…聴覚が非常に優れている。
- 手…大きくて鋭いかぎ爪。
- 口…頑丈で鋭い牙。
- 足…人間より速く走る。時速48キロで走ったという記録あり。

こんなときやこんな場所が危険だ!

- **うす暗いとき**
 夜明けや夕方などはクマの活動が活発になる。

- **山にイヌを連れていく**
 クマが興奮する原因となる。
- **食べ物がそばにある**
 キャンプやバーベキューなど、食べ物があるとクマを引き寄せる。
- **ふんが落ちている**
 近くにクマがいるサイン。ほかの動物のふんより大きい。

- **動物の死骸がある**
 クマが食い殺した可能性がある。
- **クマ棚がある**
 葉や枝がかたまりになって、枝にかかっている「クマ棚」。これは、クマが木に登って木の実を食べた跡だ。
- **クマのエサ場**
 木の実が豊富な場所。サケが産卵する場所。アザラシなどが打ち上げられた海岸。アリの巣が多いところ。

クマから身を守るには

確実な方法はないが、なるべく身を守る行動をしよう。

・**音の鳴るものを身につける**
クマが人間に気づいて逃げていく。

・**雨や霧の日には山に入らない**
視界が悪いと、クマがいても気づかない。

・**大声を出さない**
クマを興奮させてしまう。

・**目をそらさずにゆっくり静かに後ろに下がる**
逃げるものを追う習性がある。

・**死んだふりは逆効果**
逆に興味をひいてしまう。

ヒグマ事故の8割は春と秋

春（4～6月）は山菜採りで山を訪れる人が多く、冬眠明けの空腹のクマと出くわす可能性が高い。秋（9～10月）は冬眠に備えて食欲旺盛になっているクマに、キノコ狩りに訪れた人が出会う。そのため事故が多く発生してしまうのだ。

哺乳類
危険度 💀💀💀

●クマはぎ
ツキノワグマは木の根元の皮をはぐ。山の中で「クマはぎ」を発見したら、ツキノワグマが立ち寄った場所だといえる。

●鋭い爪

食べ物を求めて人家近くに現れる
ツキノワグマ

日本に棲息する2種のクマのうち、1種がツキノワグマだ。ヒグマ（132ページ）ほど危険度は高くないが、鋭い牙と爪を持ち、人を食い殺すこともある。空腹時や子グマと一緒にいるときなどは、人を襲う可能性が高い。

2016年は全国的にクマが多く出没した。そんな中、秋田県でタケノコ採りをしていた人たちが襲われ、4名が死亡する事故が起きた。射殺されたツキノワグマの胃の中から人間の肉片が発見され、エサにされたことが確実となった。事件に関わったクマは複数だったと考えられている。

地域	日本（本州・四国）・東アジア
棲息場所	山・林・森
体長	1.1〜1.5メートル
症状	深い傷・死亡
対処法	うつぶせになって腹を守る・手やカバンなどで背中や後頭部を守る・けがをした場合は病院へ

137

100キロもの体重で人間に体当たり
イノシシ ニホンイノシシ

　猪突猛進という四字熟語があるように、イノシシの特徴は殺人的な猛進だ。危険を感じると敵に突進し、15センチもある大きい牙で下から上へと突き上げる。体重100キロもの体が時速40キロで激突してくるのだから、大けがになることはいうまでもない。牙の高さが人の太ももあたりなので、襲われた人は太ももにけがを負うことが多い。
　もともとは山などに棲むが、最近は住宅地に現れることも多い。神戸市の住宅街では足や尻などを咬まれる事件が多発。2016年には群馬県でイノシシに咬まれた男性が出血性のショックで亡くなっている。

地域	日本（本州以南）
棲息場所	山・林・森
体長	1〜1.6メートル
症状	深い傷
対処法	けがを負ったら病院へ

139

マッチョな体に秘めた身体能力

・足…時速40キロで走る。1メートルジャンプする。

・鼻…嗅覚は人間の3000倍。

・牙…オスは15センチを超えることもある。

イノシシ対策

　イノシシと出会わないために、山歩きではベルなどの音を鳴らす、食べ物を見せないなどの工夫をするとよい。出会ってしまったら、目をそらさずに後ろに下がり、距離をとって静かに逃げる。襲ってきたら木など高いものの上に避難しよう。

ほかの被害

　イノシシは襲うだけでなく、農作物やタケノコなどの林産物を食い荒らす被害を出している。またイノシシの寄生虫が人に移ると、肺炎や運動障害などを起こすことがあり、重症化すると死に至る。寄生虫を避けるには、生肉を食べないこと、調理器具などをよく洗うことだ。

広がる棲息地域

　一昔前、イノシシといえば農村によく現れる動物だった。畑を荒らされることはもちろん、激突されて車が故障したという話もある。自然の多い地域で野生のイノシシに出会うことは珍しくなかったが、町なかで出会うことはなかったはずだ。それが今では住宅地に集団で現れるという報告がある。

　また、北海道、北陸、東北、小笠原諸島など、昔はいなかった地域でも存在が確認されるようになり、国内外来生物として問題となっている。

　棲息地域が広がった理由は、いくつか考えられているようだ。

①地球温暖化
　雪が多く降るところにはイノシシは棲まないとされる。地球温暖化により雪の降る量や期間が減ったため、広く棲みつくようになった。

②田畑や山林の放置
　山林などがある地域で、人口が減ったり高齢化が進んだりしている。そのため手入れされなくなった田畑や林などが、イノシシの棲処やエサ場となった。

③逃亡など
　飼育されていたイノシシが逃げ出したり放たれたりして、野生化した。

④餌づけ
　イノシシの子は背中の白いたてじまが愛らしく「うり坊」という名で親しまれている。うり坊の集団に餌づけをする行為により、イノシシが人間を怖がらなくなったので、住宅地にまでやってくるようになった。

⑤山林の減少
　山林が切り崩されて道路や施設などが造られるにしたがい、棲む場所やエサ場がなくなったため、町まで下りてくるようになった。

141

哺乳類
危険度 ☠☠☠

野生のニホンザルは危険だ。露天風呂に入っているようなのんびりした動物といったイメージで近づけば、ひどい目にあうだろう。エサが目的で人間を襲うことが多いのだ。人間が食べ物を持っていること、怖い存在ではないことなどを学んだサルたちが群れをなして襲いかかる。また、住宅地に現れる例もある。鋭い牙で咬まれれば、けがや感染症の恐れがある。

観光地では買い物袋を持った人がターゲットになることが多い。数匹で現れて食べ物をうばい、人に追われれば恐ろしい顔つきで威嚇する。これは人間が餌づけをしたからで、皮肉な結果である。

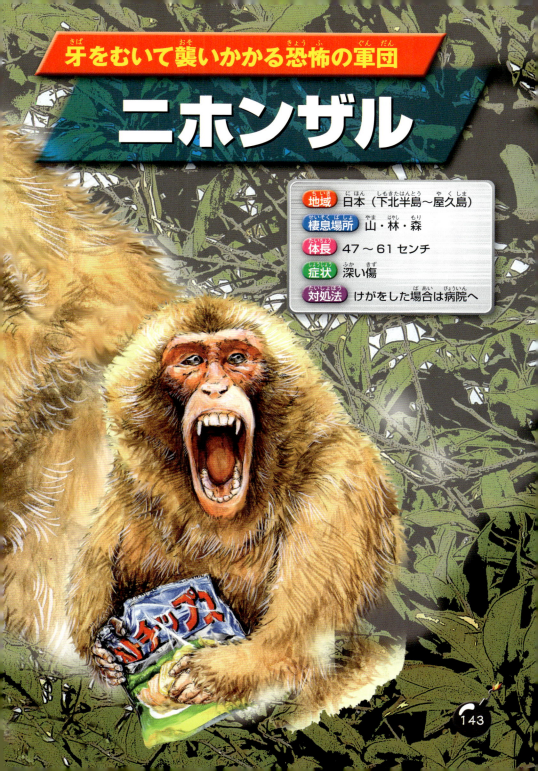

牙をむいて襲いかかる恐怖の軍団

ニホンザル

地域	日本（下北半島〜屋久島）
棲息場所	山・林・森
体長	47〜61センチ
症状	深い傷
対処法	けがをした場合は病院へ

サルの警告

"キャッキャッ" "ホーホー"といった鳴き声はサルの警告。山の中で、サルに出くわしてこの警告を受けたら、決してそれ以上近づいてはいけない。

目を見るな！

クマやイノシシは目をそらさずに後ずさりして距離をとるが、ニホンザル相手にこれをやってはいけない。サルが興奮して怒り出すのだ。目を見ずに無視し、サルが離れていくのを待つべし。

広がるアカゲザルの被害

　千葉県の房総半島にはニホンザルが棲んでいるが、1995年頃から外来生物のアカゲザルも見られるようになり、問題化している。カキやミカンなどの農作物を食い荒らしたり、ニホンザルとの間に子が産まれたりしているのだ。

　ニホンザルは人に襲いかかるなど困った行為をするものの、日本固有の大切な生物。アカゲザルとの子が増えることにより、純粋なニホンザルが減ってしまうのは深刻な問題だ。

　アカゲザルは西〜東アジアのサルで、広い地域に棲息している。日本では動物園で飼われていたものが逃げ出して、野生化したという。外見はニホンザルに似ていて、集団で生活するところも同じ。ニホンザルに近い種のサルなのだ。

　パッと見ただけではニホンザルと見分けがつかないかもしれないが、アカゲザルは名前のとおり赤毛が腰のあたりに生えていることが特徴で、頭の毛が短め。毛の長さや量は地域によってまちまちだといわれるので、見分けるにはしっぽを見るのがいちばん良いかもしれない。ニホンザルのしっぽは短いがアカゲザルのしっぽは長く、背中のまん中あたりまで届くほどもある。

　日本固有の生物を守るため、農作物を守るために、千葉県では2001年からアカゲザルを捕まえる計画を実施している。

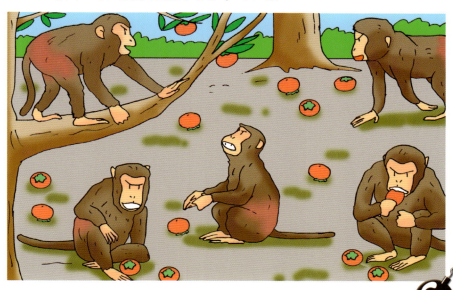

145

イヌ科最大の猛獣が牙をむく

オオカミ

オオカミはイヌ科の中で最も大きく、集団で獲物をねらうので大型の動物も倒すことができる。少々逃げたくらいでは意味がなく、20キロもの距離を移動して獲物をしとめることもある。人を積極的に襲うことは少ないが、襲撃により死者が出る事件も起きている。

地域	北アメリカ・ユーラシア
棲息場所	森林
体長	1〜1.5メートル
症状	深い傷・死亡
対処法	けがをした場合は病院へ

147

哺乳類
危険度 💀💀💀💀
外

地上最大で怖いものなし！
アフリカゾウ

体長7メートル、肩高4メートル、体重10トン、牙の長さ3メートルというけた外れのデカさを誇るアフリカゾウ。頑丈な体で敵に突進し、踏みつぶしたり、けり倒したりする。海外では多くの人が踏み殺されている。

【地域】　サハラ砂漠以南のアフリカ
【棲息場所】　サバンナ
【体長】　6〜7.5メートル
【症状】　深い傷・死亡
【対処法】　けがを負ったら病院へ

哺乳類
危険度 💀💀💀💀
外

刃物のような爪を振り下ろす
オオアリクイ

普段はおとなしいオオアリクイだが、力の強い前足と10センチにもなるかぎ爪を持つ。危険を感じると獰猛になり、後ろ足で立ち上がって襲いかかり、爪を容赦なく振り下ろす。ブラジルでは死亡事故も起きている。

【地域】　中央アメリカ〜南アメリカ
【棲息場所】　平原・森林
【体長】　1.1〜2メートル
【症状】　深い傷・死亡
【対処法】　けがを負ったら病院へ

哺乳類
危険度 ★★★★☆
外

大きな体と怪力の類人猿
ヒガシゴリラ　マウンテンゴリラ／ヒガシローランドゴリラ

ヒガシゴリラの体重は130〜220キロと重く、がっしりとした筋肉質だ。力が強く、鋭い牙を持つ。頭が良くおだやかだが、危険なときや気が立っているときなど凶暴になることもあり、体当たりや咬みつきで攻撃する。

【地域】　アフリカ中央部
【棲息場所】　山・森林
【体長】　1.5〜1.7メートル
【症状】　深い傷・死亡
【対処法】　けがを負ったら病院へ

哺乳類
危険度 ★★★★★
外

群れで狩りをする百獣の王
ライオン

肉食獣のライオンは、エサにするためにほかの動物を襲う。獲物の群れを見つけると、メスたちが協力して取り囲み、追いこみをかけて逃げきれなかったものがライオンの餌食になるのだ。武器を持たない人間が襲われたら、助かる可能性は低い。

【地域】　アフリカ・インド
【棲息場所】　サバンナ
【体長】　1.4〜2.5メートル
【症状】　深い傷・死亡
【対処法】　けがを負ったら病院へ

哺乳類　外
危険度 ☠☠☠☠

水辺ではワニでもしとめる
ジャガー

ジャガーは咬む力がずば抜けて強く、泳ぎが得意。水辺でも獲物を狩り、ワニですら食い殺すことがある。のどではなく頭に攻撃し、ひと咬みで脳を突き破って殺すのが特徴的だ。人間を襲うこともあり、襲われたらまず助からないだろう。

【地域】　北アメリカ〜南アメリカ
【棲息場所】　熱帯林・草原・沼地
【体長】　1.1〜1.9メートル
【症状】　深い傷・死亡
【対処法】　けがを負ったら病院へ

哺乳類　外
危険度 ☠☠☠☠☠

なわばりを荒らすものは許さない
カバ

アフリカではカバに襲われて死亡する事故が多い。大きいものだと3トンを超える巨大な体は、歩く凶器のよう。牙での咬みつきも強力だ。なわばり意識が強いので、むやみに近寄ると襲われる。水中から現れて、船乗りを襲う事故も起こっている。

【地域】　アフリカ
【棲息場所】　川・沼・湖
【体長】　3〜5メートル
【症状】　深い傷・死亡
【対処法】　けがを負ったら病院へ

哺乳類
危険度 ☠☠☠☠☠ 外

死者は毎年200人以上
スイギュウ

　スイギュウはアフリカで毎年、200人以上の死者を出す危険生物だ。大きく発達した頑丈な角を前に突き出しながら、1トンを超える体重で敵に突進、体当たりで戦う。角は1メートル以上になることもあり、生身の人間が勝てるはずはない。

【地域】　アフリカ
【棲息場所】　サバンナ
【体長】　2〜3.4メートル
【症状】　深い傷・死亡
【対処法】　けがを負ったら病院へ

哺乳類
危険度 ☠☠☠☠☠ 外

樹上から襲いかかる猛獣
ヒョウ

　しなやかでありながら力強い体を持つヒョウ。木登りが得意で樹上にひそみ、下を通った獲物にいきなり襲いかかる。インドで人家近くに迷いこんだヒョウが次々と人に襲いかかる事件があり、10名の重軽傷者を出した。

【地域】　アフリカ・アジア
【棲息場所】　サバンナ
【体長】　0.9〜1.9メートル
【症状】　深い傷・死亡
【対処法】　けがを負ったら病院へ

哺乳類
危険度 ☠☠☠☠☠
外

ライオンよりも強くて大きい
トラ

トラはネコ科で最も大きく最も咬む力が強く、王者的な存在だ。腹が減っているときには一度に30キロもの肉を食べるというから、食欲も王者並み。人と接触しない生活をしているが、弱っているなど狩りができない状況のトラは人食いトラと化す場合もある。

【地域】インド・インドネシア・中国北東部
【棲息場所】山・林・森
【体長】1.7〜3メートル
【症状】深い傷・死亡
【対処法】けがを負ったら病院へ

哺乳類
危険度 ☠☠☠
外

都市にも現れて人を食う
コヨーテ

群れを作って集団で獲物を襲うコヨーテ。もともとは草原や砂漠にしかいなかったが、順応性があるため森林や山間部に広がり、現在は都市部にまで姿を見せるようになった。カナダの公園でコヨーテの群れが出没し、死亡事故まで起きている。

【地域】北アメリカ〜中央アメリカ
【棲息場所】草原
【体長】0.7〜1メートル
【症状】深い傷・死亡
【対処法】けがを負ったら病院へ

哺乳類 外
危険度 💀💀💀

人間と暮らすため事故も多い
アジアゾウ

地上で2番目に大きい動物、アジアゾウ。重いものを運んだり、乗り物の役目をしたりなど、家畜として育てられる。おとなしいが、何かのきっかけで暴れ出し、巨体で車や家をなぎ倒し、人間を踏み殺すことがある。

【地域】　インド・東南アジア
【棲息場所】　サバンナ・森林
【体長】　5〜6.4メートル
【症状】　深い傷・死亡
【対処法】　けがを負ったら病院へ

哺乳類 外
危険度 💀💀💀

死肉を食らうし狩りもする
ブチハイエナ

死んだ動物の肉を食べることで知られるハイエナだが、死肉を食べるだけでなく集団で狩りをすることもあり、人を襲うこともある。アフリカの国立公園に出没し、キャンプ中の少年が顔の骨を咬み砕かれる事件が起きている。

【地域】　アフリカ・インド
【棲息場所】　サバンナ
【体長】　1.4〜2.5メートル
【症状】　深い傷・死亡
【対処法】　けがを負ったら病院へ

哺乳類
危険度 ☠☠
外

握力は人の2倍
チンパンジー

チンパンジーは植物や木の実などを主に食べるが、肉も好きで小動物を食べることもある。人間の2倍の握力があるので、捕まったら最後、人が自力ではなさせることはできない。捕まって鋭い牙で咬まれれば、大けがをする。

【地域】　アフリカ西部〜中央部
【棲息場所】　サバンナ
【体長】　1.2〜1.7メートル
【症状】　深い傷
【対処法】　けがを負ったら病院へ

哺乳類
危険度 ☠
外

牙と毒を持つ愛くるしいサル
スローロリス

スローロリスはひじの内側から出る毒素を全身に塗り、天敵や害虫などから身を守っている。ペットとして人気が高いが、この毒が人に及ぼす影響はまだ不明だ。鋭い牙を持ち、咬まれると危険だ。

【地域】　アジア東南部
【棲息場所】　サバンナ
【体長】　20〜28センチ
【症状】　傷
【対処法】　けがを負ったら病院へ

154

哺乳類
危険度 ☠☠☠☠

波打ち際にもせまる海のギャング
シャチ

シャチは10センチにもなる歯を持ち、巨大な体でアザラシやサメまで食べてしまう。沖だけでなく波打ち際で狩りをすることもあり、天敵はいない。頭が良く人間が教えた芸もこなすが、水族館で人を水に引きずりこみ、死亡させる事故を起こしたこともある。

【地域】　世界各地
【棲息場所】　海
【体長】　5.7～9.8メートル
【症状】　重傷・死亡
【対処法】　けがを負ったら病院へ

哺乳類
危険度 ☠☠☠☠ 外

地上最大の肉食獣
ホッキョクグマ

ホッキョクグマは地上最大の肉食獣だ。なわばり意識が強く、なわばりに入ってくるものには、爪と牙で攻撃をする。北極には人間の住んでいる地域があり、残飯などの味を覚えたシロクマがやってきて人と出くわし、危害を加えることがある。

【地域】　北極圏の沿岸
【棲息場所】　流氷地域
【体長】　2～3メートル
【症状】　重傷・死亡
【対処法】　けがを負ったら病院へ

無脊椎動物
節足動物
危険度 ☠☠☠

葉っぱを丸めて巣を作る
カバキコマチグモ

地域	日本各地（沖縄県以外）
棲息場所	草むら
体長	10～15ミリ
症状	はれ・水泡・発熱・嘔吐
対処法	道具で毒を出す・水で冷やす・薬を塗る

ススキなどの長い葉が、結んだようにくるりと丸まっているのを見たことがあるだろうか。それはカバキコマチグモの巣だ。三角形に丸まっている草を発見したら中身を見てみたくなるが、このときに咬まれる事故がとても多い。夜は狩りのために外に出ているが昼間は巣に隠れていて、メスはこの中に卵を産む。産卵時期の夏は特に攻撃的になる。

巣をいじらなくても咬まれることがあるので、草むらを歩くときは長そで長ズボンなどで体を守ろう。

日本のクモは見かけによらず!?

セアカゴケグモ（158ページ）やルブロンオオツチグモ（162ページ）などを見ると、毒グモは毒々しい形や派手な色をしているイメージを持つのではないだろうか。

しかし、このイメージとかけ離れた毒グモが日本には何種類かいる。意外な毒グモたちの姿を見てみよう。

【イトグモ】

小さな体に細い手足。地味な外見に油断してしまいそうだが、実は毒は強い。咬まれた場所の組織が死んでしまうことがある。海外のドクイトグモ（161ページ）の仲間だ。

【オニグモ】

太めの手足にごつい体。その上「オニ」などという怖そうな名前を持つが、手でつかんだりしないかぎり、攻撃は仕掛けてこない。毒も弱く咬まれても症状はほとんど出ない。

【ジョロウグモ】

庭木の間などに大きな巣を張ることが多く、とてもよく目立つ。黄と黒の色使い、細く長い手足。妖怪だともいわれるほどの不気味さで、名前も有名だ。しかし毒は弱いので咬まれても症状は軽く、つかんだりしない限り、攻撃もしてこない。

157

無脊椎動物
節足動物

危険度 💀💀💀

　セアカゴケグモはオーストラリアのクモだが、輸入されるものに混じって侵入し、日本各地に広がった外来生物だ。特別な場所にいるわけではなく、人がよく接する花壇や公園の遊具などでも発見されている。2014年には東京都三鷹市の公園でも見つかっている。
　咬まれると痛みのほか、吐き気やけいれんなどの症状が出ることもある。現在は血清が作られているため死亡する例はなくなっているが、血清が開発される前には亡くなった人がいる。適切な血清治療を受けるために、咬まれた場合はきちんと病院へ。

セアカゴケグモのオスとメス

強い毒を持ち、危険なのはメス。
オスは体が小さくて細長い。

●メス
体長…8〜12ミリ
毒……猛毒
特徴…背中に赤い砂時計のような模様

●オス
体長…5〜6ミリ
毒……毒がない
特徴…背中に白い斑紋
体が細長い

セアカゴケグモの武器

毒グモの上あごの中には毒腺があり、管を通って、牙の先に送り出される。ターゲットを咬むと、牙から毒液が出る仕組みになっている。

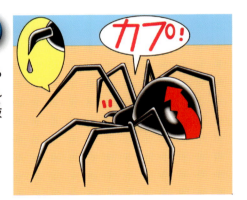

どこにいるの？

日当たりがよく、暖かい場所に棲みついていることが多い。また、放置してある車、エアコンの室外機、ベンチの下など、人目につかず動きがない場所に巣を作る。

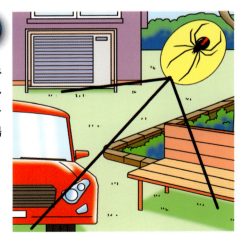

海外の危険なクモ

世界には、4万6千種ほどのクモがいる。たいていのクモが毒を持っているものの、人間に害を与えるほどの猛毒を持つものは少なく、世界最大のクモ「ルブロンオオツチグモ」（162ページ）ですら、毒はあまり強くない。

しかし、中には人をあっけなく殺してしまう強力なやつもいる。世界の殺人グモを見てみよう。

【シドニージョウゴグモ】
棲息地域…オーストラリア
症状…吐き気・けいれん・死亡など

ヘビのように鋭い牙と、毒ヘビ級の毒を持つ大型のクモ。咬まれた場合、子どもなら1.5時間、大人なら30時間で死亡することもある。

【ドクイトグモ】
棲息地域…アメリカ
症状…吐き気・けいれん・死亡など

黄土色の地味な外見をしていて、家の中によく現れる。出くわすことが多い上に猛毒を持つので、世界で一番危険なクモだといわれる。

【ビショップゴケグモ】
棲息地域…アメリカ
症状…吐き気・けいれん・死亡など

手足がきれいなオレンジ色で、丸い体は黒、オレンジ、黄の配色でトンボ玉のように美しい。毒グモだが、ペットとしても人気がある。

世界最大のタランチュラ
ルブロンオオツチグモ

ルブロンオオツチグモは世界最大のクモだ。体長は10センチほどなので驚くほど巨大ということではないが、がっちりした体と太い手足は迫力満点。腹部や手足が毛で覆われていて、その姿はクモというより小動物のようだ。毒の量は多いが弱めで、人を殺すほどの威力は持たない。

オオツチグモの仲間はすべてタランチュラと呼ばれる。タランチュラの体は毛深いのが特徴的で、この毛は刺さりやすく、防御のための武器となる。危険を感じると後ろ足で体をこすって、敵に毛を飛ばすのだ。人間の皮膚に毛が刺さるとかゆみや炎症が出る。

地域	南アメリカ北東部
棲息場所	森林
体長	10センチ
症状	はれ・しびれ
対処法	水で冷やす・薬を塗る

無脊椎動物
節足動物

危険度 ☠☠☠

ハチに似た毒で人を攻撃
アオズムカデ

　アオズムカデはトビズムカデ（165ページ）とよく似ているが、色が少し違う。頭と胴が青〜青紫系の色をしていることが特徴だ。雑木林の中などに棲むが、家の周りにも出没することがある。

　ムカデの毒はハチの毒と似ていて、咬まれた瞬間、鋭い痛みがあり患部は赤くはれて痛みが続く。頭部にある「顎肢」と呼ばれる大きな毒の爪で獲物をとらえ、毒液を送りこんで麻痺させて、動かなくなってからエサにする。

地域	日本（北海道以外）
棲息場所	森林・草むら・田畑・人家周辺
体長	7〜12センチ
症状	痛み・はれ・しびれ
対処法	熱めのお湯をかけ、患部を洗う。症状がひどいときは病院へ。

164

無脊椎動物
節足動物
危険度 ☠☠☠

不気味な姿で人の家に忍びこむ
トビズムカデ

　トビズムカデは、日本で最も咬まれる被害が多いムカデだ。梅雨時は家の中まで入ってくることがあり、被害にあいやすい。深緑色の胴、黄色い足、赤茶色の頭。鮮やかな色合いもツヤツヤした体も不気味だ。

　咬まれると痛みやしびれのほか、アナフィラキシーショック（24ページ）が出ることもある。家の中で咬まれたり、ペットが咬まれたりすることもあるので、梅雨時は人もペットも要注意だ。

地域	日本各地
棲息場所	森林・草むら・田畑・人家周辺
体長	8～13センチ
症状	痛み・はれ・しびれ
対処法	熱めのお湯をかけ、患部を洗う。症状がひどいときは病院へ。

165

無脊椎動物
軟体動物

危険度 💀💀💀💀💀

地域	日本（房総半島以南）・西太平洋〜インド洋
棲息場所	海（岩礁・珊瑚礁）
体長	12センチ
症状	痛み・しびれ・言語障害・呼吸困難・死亡
対処法	道具で毒を出す・流水で洗う・すぐに病院へ

●毒は口で吸い出すな！
毒を口で吸い出すのはNG！飲みこんでしまうと全身に毒が回ってしまうので、手や道具で絞り出すこと。

166

フグと同じ毒を持つ美しいタコ
ヒョウモンダコ

鮮やかな青色のリング模様を持つヒョウモンダコ。威嚇すれば青色はさらに美しくなり、光を放っているかのように見える。しかし、美しいからといって、むやみに触ってはいけない。ヒョウモンダコの毒はフグと同じ猛毒で、咬まれると言語障害や視覚障害や呼吸困難が生じ、最悪の場合は死に至るのだ。咬まれた後90分で死亡した事故も起こっているので、すぐに病院で適切な治療を受ける必要がある。

最近は関東の海の浅い場所で、よく捕獲されている。海水浴で訪れた場所にひそんでいることも十分にありそうだ。

167

ガラスすらたたき割る力・海のボクサー
モンハナシャコ

　モンハナシャコは色鮮やかな姿が美しいシャコだ。ひじの力が強く、パンチを繰り出してはカニの甲羅や貝のがらなどを割り、エサにする。水槽に入れておけばガラスをたたき割ることもあるというから、けた外れのパンチ力だ。さらにパンチを繰り出すスピードは0.004秒。最強最速の海のボクサーだ。

　これだけのパンチ力があるのだから、攻撃は避けたいところだ。攻撃されれば激痛はもちろんのこと、爪を割られたり骨折したりする恐れがある。攻撃的な性質なので、美しさにひかれてうっかり手を出したら、強烈パンチを食らうことになるだろう。

血のにおいに敏感な人食いザメ
ホホジロザメ

　人食いザメの映画『ジョーズ』のモデルとなったのが、ホホジロザメだ。6メートルもの巨体が出すスピードは時速50キロにまでおよび、魚だけでなくオットセイなどの大型の海獣もエサにする。そして、ときには人間をも獲物にする。ノコギリ状の鋭い歯で切り裂いて肉を食うのだ。
　血のにおいに敏感で、漁で流れる血に反応してやってくることもあるため、漁師などが被害にあいやすい。また、サーファーにも被害者は多いという。これまでに事故は300件以上あり、80人ほどの死者が出ているという。

地域	世界各地
棲息場所	海（外洋〜沖合）
全長	4〜6メートル
症状	重傷・骨折・死亡
対処法	けが人を陸へ引き上げる・止血・病院へ搬送

これがサメの口だ！

　口を開くと、内側に何枚もの歯が並んでいるのが見える。使っている歯が折れると、奥にある予備の歯がすぐに前に出てくるため、いつも新しい歯がそろっていて歯抜けになることはない。

サメに出会わないためには？

・サメが出るといわれる場所へ行かない。
・血が出ているときに海に入らない。
・遠くにサメらしき影が見えたら、海から上がる。

もしサメに出会ってしまったら？

・暴れたり騒いだりしない。
・目をそらさずに静かに離れる。
・襲われたら、石や棒などで目やエラや鼻をたたく。これらは敏感な部分で、サメの弱点でもある。ただし、逃げていくかどうかは確実ではない。

うまそうに見える人の影

　サーファーが襲われる事故が多いのは、ボードの上にいる姿を下から見上げたとき、サメが普段食べているウミガメやアザラシなどとシルエットが似ているからだという。

魚類
危険度 ☠☠☠
外

血のにおいで凶暴性にスイッチオン
ピラニア・ナッテリー

凶暴なイメージのあるピラニアだが、実は非常に臆病で自ら人を襲ったりすることはない。ただし血には敏感で、においをかぎつけると凶暴化のスイッチが入る。血を流している獲物がいると、群れで襲いかかるのだ。鋭くとがった歯は、肉を容赦なく切り刻み、捕まった動物はピラニアの餌食となる。

ペットとして飼われることも多いが、指の肉をかじり取られるという事故も起きている。世話をするとき、けがなどで血のにおいをさせているのは厳禁だ。

地域	ブラジル・パラグアイ・ウルグアイ
棲息場所	河川
全長	30センチ
症状	裂傷
対処法	止血・消毒・病院へ搬送

173

魚類
危険度 ☠☠☠☠☠
外

体内から内臓に食らいつく
ケートプシス・ゴビオイデス

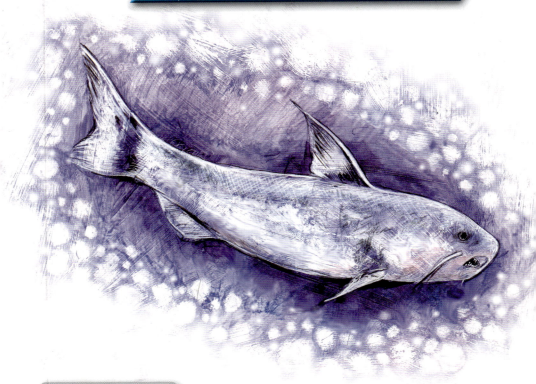

- 地域: アマゾン川流域
- 棲息場所: 河川
- 全長: 20センチ
- 症状: 裂傷
- 対処法: 病院へ搬送

ケートプシス・ゴビオイデスは、別名のブルーカンディルのほうが知られているかもしれない。カンディルの仲間は、獲物の体内に入りこんで内側から肉を食べるのが特徴だ。現地ではピラニア（173ページ）より恐れられている。

歯が鋭く、皮膚などを食い破って穴を開けて侵入し、内臓や肉を食べながら奥へ奥へと進んでいく。想像するだけでおぞましくて悲鳴が出そうになるが、日本にはいない魚だということが救いだ。

174

尿道から人の体内に……!!
ヴァンデリア・シローサ

　ヴァンデリア・シローサは、獲物の体内に入りこんで内側から肉を食う。体内への入り方が強烈だ。川に入った人間の尿道や肛門や口など、あらゆる穴から入りこむ。それだけではない。川べりでおしっこをするとにおいに反応し、小さい個体がおしっこを伝って尿道に入りこむのだ。

　ひれが引っかかるので、もし尿道から体の一部が出ていても、手で引き抜くことはできない。切り開く手術が必要となる。

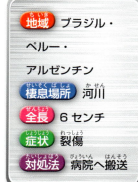

地域	ブラジル・ペルー・アルゼンチン
棲息場所	河川
全長	6センチ
症状	裂傷
対処法	病院へ搬送

175

魚類
危険度 💀💀💀💀

　口の先が矢のようにとがっていて、刀のようにシュッとした形のダツ。小魚をエサとするため、うろこのようにキラキラしたものに反応する。光る獲物を見つけると、時速70キロで突進するのだ。光るものがあるとエサと勘違いして突進していくため、夜、ライトを使うときなどは危険だ。とがった体が突っこんでくるのだから、まさに刀が飛んでくるようなものである。ダツによる死亡事故や失明の事故も起きている。
　海の表層を泳いでいるので、人と出くわす機会も多い。明かりを使う漁師やダイバー、釣り人などがよく被害にあう。

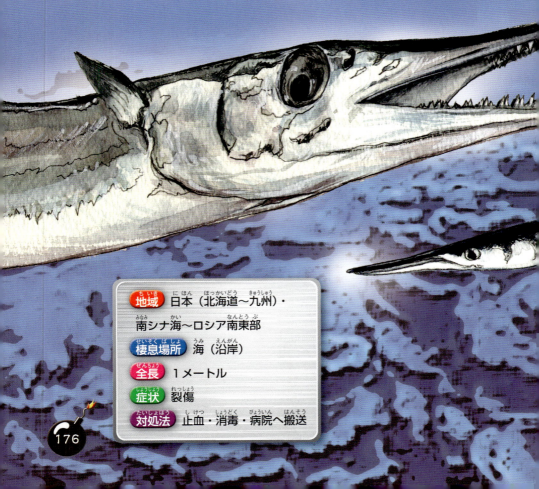

地域	日本（北海道〜九州）・南シナ海〜ロシア南東部
棲息場所	海（沿岸）
全長	1メートル
症状	裂傷
対処法	止血・消毒・病院へ搬送

矢のように海の中から現れる
ダツ

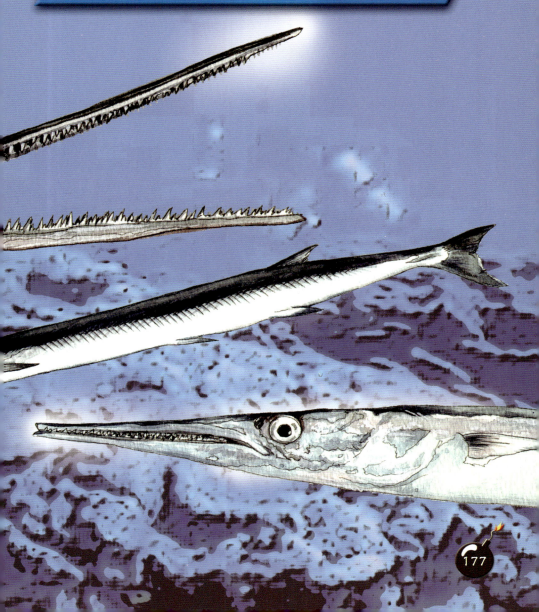

177

ナイフのような歯が人の指を食いちぎる
ウツボ

　長い体でうねうねと泳ぐウツボは、普段は岩穴などに隠れていて姿を見せない臆病者だ。しかしひとたび危険を感じると、穴からさっと出てきて敵に食らいつく。切れ味が鋭い歯は内側に向かって寝た状態で生えているため、引き抜こうとすれば刃物のようにざっくりと切れ、指を食いちぎられることもある。
　口の奥に第二のあごがあり、咬みつくときに奥のあごが出てくる。咬みついた後、再び奥に動かすことで、獲物を深くくわえこむのだ。一度くわえたものは、決してはなさないという。釣り糸にもかかることがあるので、外すときには注意が必要だ。

地域	日本（関東以南）・南シナ海〜朝鮮半島南部
棲息場所	海（沿岸の岩場）
全長	80センチ
症状	裂傷
対処法	止血・消毒・病院へ搬送

これがウツボの第二のあごだ

ウツボが獲物に咬みつくと、咬みつかれた獲物はウツボの「第二のあご」で、のどの奥に引きこまれる。

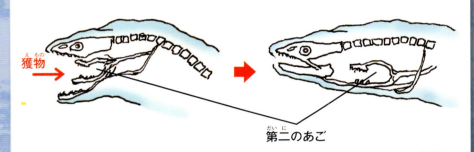

獲物 →

第二のあご

毒を持つウツボもいる！

　ウツボは2つのあごと鋭い歯が特徴だが、ほかにも注意しなくてはいけないものもいる。毒を持つウツボもいるのだ。その名もドクウツボ。体長150センチ以上にもなる大きめのウツボだ。
　ドクウツボの肉には「シガテラ毒」が含まれていて、食中毒を起こすことがある。熱を加えても消えないタイプの毒なので、とても危険だ。

　特徴的な症状に「ドライアイスセンセーション」がある。温かいものに触れると冷たく感じ、冷たいものに触れるとピリピリ痛むという感覚異常だ。そのほか、全身の痛み、頭痛、めまい、腹痛、血圧の低下など、いろいろな症状が現れる。死亡することはほとんどないが、治るまでに何か月もかかることもあるという。

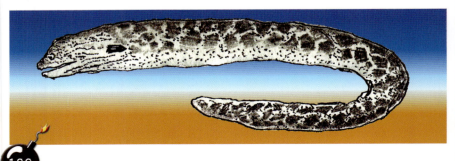

防御毒
病気媒介
放電

毒針で強烈な痛みを生じさせる
チャドクガや毒液を持っているカエル、
寄生虫や高電圧に注意の
危険生物
16
樹液でかぶれる植物
2

昆虫類

危険度 💀💀

　チャドクガは茶の木につくドクガだが、ツバキやサザンカなど身近な庭木にも棲みつく。卵、幼虫、サナギ、成虫と一生通して毒針毛を持ち続け、この毒針毛はとても軽く、風に乗って運ばれてしまうほど。そのため、直接触れていなくても近くにいるだけで被害にあうこともある。

　1か所につき10年に1度くらいのペースで大量発生するとされる。2003年には兵庫県の体育センターで大発生し、この施設で行われたスポーツ大会に出場した約60名が発疹などの被害にあった。被害者たちはだれもチャドクガに触れていなかったという。

地域	日本（沖縄県と北海道以外）
棲息場所	公園・庭
体長	2.5～3センチ
症状	かゆみ・はれ・じんましん
対処法	水で洗うかテープを貼って毒針を取り、薬を塗る

目に見えない毒針が風に乗ってやってくる
チャドクガ

ドクガの武器

ドクガ類の毒針毛は中に毒液があり、刺されるとはれやかゆみなどの症状が出る。こすっても取れずに悪化するので、洗うかテープで取ることだ。死骸や脱皮したぬけがらにも毒針毛はついている。

幼虫の毒針毛

毒針毛をまとい続ける恐るべきガ

- 卵…卵はすでに毒針毛だらけで、ミニサイズの獣のようにすら見える。この毛は産卵時に成虫がこすりつけていったものだ。
- 産まれてすぐの幼虫…卵についていた毒針毛を体につけている。
- 脱皮した幼虫…脱皮の度に毒針毛が生え続け、サナギになる直前は50万本にも達する。
- サナギ…サナギはまゆに包まれていて、まゆにはびっしりと毒針毛。幼虫の体に生えていたものがまゆへと移行するのだ。
- 成虫…まゆを包んでいた毒針毛を尻につけている。

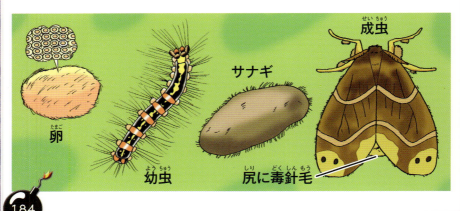

卵　幼虫　サナギ　成虫　尻に毒針毛

昆虫類
危険度 ☠☠☠☠☠

100℃のオナラを発射！
ミイデラゴミムシ

何と、オナラで人を攻撃してやけどを負わせる虫がいる。ミイデラゴミムシは捕まえられたり攻撃を受けたりすると、プッという音をさせてオナラを敵に食らわせるのだ。臭い上に高温のガスで、皮膚につくとやけどのような炎症を起こしてヒリヒリと痛む。この特徴から、へっぴり虫と呼ばれることもある。

ガスの出るノズルは尻の先にあり、向きを自由に変えて発射可能。虫や鳥くらいなら撃退してしまうツワモノの虫なのだ。

地域	日本（沖縄県以外）・朝鮮半島・中国
棲息場所	草むら・畑・水田
体長	1.1～1.8センチ
症状	やけど・皮膚炎
対処法	水で洗い流す

昆虫類
危険度 💀💀

186

刺されると強烈な痛み

イラガ

イラガは国内の毛虫で、刺されると最も痛い種だ。まゆや成虫のときは無毒だが、毛虫のときが危険なのだ。イモムシのような緑色の体に、角のような突起が何本もついていて、突起には毒針毛がびっしりと生えている。この奇妙な外見は、毛虫というより小さなサボテンのようにも見える。毒針毛の中に毒を持ち、敵を刺すと先端が折れて毒液が注入される。

サクラやカキ、カエデなどに棲みつき、毎年同じ木に現れる。まゆが特徴的で、卵形のきれいな形に迷彩柄のような茶色い模様が入っている。これが枝に残っている木は要注意だ。

地域	日本（沖縄県以外）
棲息場所	公園・果樹園・街路樹
体長	1.3 〜 1.5 センチ
症状	痛み・湿疹
対処法	水で洗うかテープを貼って毒針毛を取る

両生類
危険度 💀💀💀

　ニホンヒキガエルは体にイボイボのある大型のカエルで、ガマガエルという名でもよく知られている。人を死に至らしめるほどの力はないものの、日本のカエルの中では一番強い毒を持つ。動きが鈍いため、強い毒を持つことで身を守っているのだ。
　皮膚と目の後ろにある耳腺から毒を出すが、特に耳腺からは白くてねっとりとした毒が大量に出る。イヌがニホンヒキガエルを食べたなら、死ぬことがあるほどの大量の毒だ。うっかり触ってしまったら、その手で何かを食べたり目を触ったりするのはタブー。かぶれたり炎症を起こしたりする恐れがある。

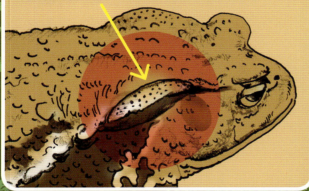

●皮膚と目の後ろにある耳腺が毒を出す。

地域	日本（本州西南部・四国・九州）
棲息場所	湿った土のある場所・沼地
体長	8〜15センチ
症状	痛み・炎症
対処法	触れた部分を洗う

白い毒液はイヌをも殺す

ニホンヒキガエル

両生類
危険度 ☠☠

体表にまとわりつく毒液に注意
ニホンアマガエル

雨降りの前や雨の日によく鳴くことで知られるニホンアマガエルは、イラストやキャラクターになることの多いかわいらしいカエルだが、毒を持つことを忘れてはならない。体表から分泌する液に、自己防衛のための毒を含んでいるのだ。

素手で捕まえることもあるかもしれないが、その手で目をこすったり口を触ったりすると炎症を起こすので厳禁だ。特に目に毒が入ると激しい痛みをしばらく引きずることになる。

地域	日本（北海道〜屋久島）・朝鮮半島・ロシア東部・中国北部
棲息場所	池や田など水のあるところ
体長	2〜4センチ
症状	かぶれ・炎症
対処法	触った後は手を洗う

● アオガエルとの違い
アオガエルに似ているが（アオガエルにも毒がある）、ニホンアマガエルは、鼻から目の後ろにかけて黒い線があるのが目印だ。

190

両生類
危険度 ☠☠☠

ヘビを殺し、人を失明させる
オオヒキガエル

オオヒキガエルは、害虫駆除のために海外から小笠原諸島に持ちこまれたカエルだ。その後荷物などにまぎれて西表島などにも姿を見せるようになり、絶滅危惧種の生物や土地固有の昆虫などを食べることで問題化し、駆除の対象になった。

体表にも毒液を持つが、危険を感じると目の後ろから出す白い液が特に強い。目に入れば痛いというレベルではなく失明するほどの威力で、また、オオヒキガエルを食べたヘビが死んだという報告もある。

地域	日本（小笠原諸島・石垣島）・北アメリカ南部〜南アメリカ北部
棲息場所	海岸沿い〜人里
体長	8〜15.5センチ
症状	かぶれ・炎症・失明
対処法	触った後は手を洗う

両生類
危険度

1匹で10人もの大人を殺す
キイロフキヤガエル
モウドクフキヤガエル

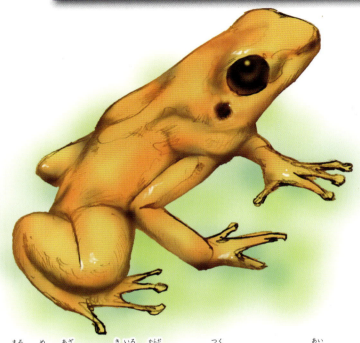

　まん丸の目に鮮やかな黄色の体。まるで作りもののように愛らしいが、キイロフキヤガエルは決して手出ししてはいけない超危険なカエルだ。
　美しい体の表面には猛毒があり、触るだけでひどい炎症を起こす。ヤドクガエルの仲間と比べても毒の強さは20倍。キイロフキヤガエルは毒ガエル界の王者といえるだろう。
　この猛毒は狩りの吹き矢に使われるほどで、人間を殺すのに必要な量はたった0.01ミリグラム。キイロフキヤガエル1匹いれば10人の大人を殺せるという計算になるのだ。

地域	コロンビア
棲息場所	熱帯雨林
体長	3.7～4.7センチ
症状	心臓発作・呼吸困難・死亡
対処法	触れてしまったら病院へ

両生類
危険度 💀💀💀💀
外

夕焼けのような緋色のグラデーション
アシグロフキヤガエル ヒイロフキヤヤドクガエル

ヒイロ（緋色）とはオレンジや赤などの赤系の色のこと。キイロフキヤガエル（192ページ）の緋色バージョンといったところだ。毒はやはり、吹き矢に使われるほどの殺傷力がある。

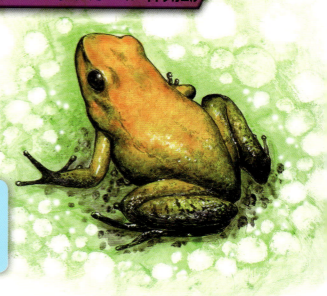

【地域】　コロンビア
【棲息場所】　熱帯雨林
【体長】　3.2 〜 4.2 センチ
【症状】　心臓発作・呼吸困難・死亡
【対処法】　触れてしまったら病院へ

両生類
毒指数 💀💀💀💀💀
外

背中に浮かび上がるくっきりとした帯
ココエフキヤガエル ココイヤドクガエル

少し大きめの黒い体に黄色っぽいたてライン。同じ種類でもラインの太さや体色が異なる。キイロフキヤガエル（192ページ）と同レベルの猛毒を持つ。

【地域】　コロンビア
【棲息場所】　熱帯雨林
【体長】　3.2 〜 5.2 センチ
【症状】　心臓発作・呼吸困難・死亡
【対処法】　触れてしまったら病院へ

両生類　外
危険度 ☠☠☠☠☠

毒ガエル界の宝石
アイゾメヤドクガエル
ソメワケヤドクガエル

ヤドクガエルの中では比較的大型。体色は藍色が一般的だが、生息地によっていろいろ色彩が異なる。

【地域】　ブラジル・ガイアナ・スリナム
【棲息場所】　熱帯雨林
【体長】　3.4～5センチ
【症状】　心臓発作・呼吸困難・死亡
【対処法】　触れてしまったら病院へ

両生類　外
危険度 ☠☠☠☠☠

体が黒で鮮やかな斑紋模様の衣装をまとう
ベニモンヤドクガエル

ベニモンヤドクガエルは、斑紋の色が赤のほかに黄色やオレンジ色など色のパターンが多い。皮膚から毒液を出す。

【地域】　エクアドル・コロンビア
【棲息場所】　熱帯雨林
【体長】　2.5～4センチ
【症状】　心臓発作・呼吸困難・死亡
【対処法】　触れてしまったら病院へ

194

まだまだいる美しき猛毒ガエル

　ヤドクガエルの仲間は、猛毒を持つものが多い。その鮮やかな色は危険度を主張しているようだ（同じ種類でも棲む地域により違う色の場合もある）。

【イチゴヤドクガエル】

棲息地域…ニカラグア・パナマなど
体長…1.8～2.4センチ

かわいくておいしそうな名前だが、口に入れたら即死することになるだろう。赤い体に青色っぽい足が特徴。

【セマダラヤドクガエル】

棲息地域…ニカラグア・パナマなど
体長…4センチ

黒色の体で、背中は黄色、オレンジ色、赤色などさまざまで、まるで絵の具をかぶったように背中をいろどる。

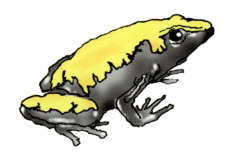

【ミイロヤドクガエル】

棲息地域…ニカラグア・パナマなど
体長…2～2.7センチ

イチゴヤドクガエルと同じように、ヤドクガエルの中ではミニサイズ。赤色や茶色など赤系のベースに、細く白っぽいしま模様を持つ。水辺近くだけでなく、森や草原にも現れる。

哺乳類
危険度 💀💀💀💀

地域	日本各地・カナダ南部〜中央アメリカ
棲息場所	住宅地・森林
体長	40〜60センチ
症状	脳障害・死亡
対処法	個体やふんに触ったら手を洗う

アライグマ回虫が人に寄生
アライグマ

食べ物を洗う仕草が愛らしいアライグマ。動物園で見たことがある人も多いと思うが、住宅地でも遭遇することがある。今から50年近く前にペットとして飼われていたものが、捨てられたり逃げ出したりして野生化しているのだ。

体内にアライグマ回虫という寄生虫が巣食っていて、ふんと一緒に卵が排出される。これが人の口に入ると人間にも寄生し脳に障害が出ることがあり、アメリカでは感染して亡くなった人もいる。日本ではまだ感染例はないが、住宅地での目撃数も増えているので、決してひとごとではないのだ。

アライグマはこんなところが好き

エサとなる生物が多く棲む川やため池、沼の周辺が大好きだ。木登りも得意なので森林や農地を自由に移動する。

アライグマは夜行性のため、昼間は巣穴で寝ていたり、人家の近くでは屋根裏や廃屋などにひそんでいたりする。

アライグマとタヌキの見分け方

タヌキとよく似ているが、タヌキのしっぽにはしま模様がなく、耳は丸く、足跡は4本指だ。

アライグマ
- 耳…三角に近い
- 尾…しま模様
- 足跡…5本指
- ひげ…白い

タヌキ
- 耳…丸い
- 尾…しま模様がない・短い
- 足跡…4本指
- ひげ…黒い

アライグマ回虫

アライグマが運ぶアライグマ回虫に感染すると「幼虫移行症」という病気になる。人の体内では回虫が成虫になれず、幼虫のままあちこちと移行した末、脳に達する。すると脳に障害が出たり、死亡したりする。

病気媒介以外の危険も

在来生物（106ページ）にも悪影響を与えることでも問題になっている。昆虫のほか、ニホンザリガニやエゾサンショウウオなども食べてしまうのだ。
また、京都市の清水寺など、世界遺産の建物を引っかいて傷をつける問題も起きている。

哺乳類
危険度 💀💀💀💀

アカギツネはイヌに似た姿で人にもなつくので、人里で見かけたらつい餌づけをしたくなるかもしれないが、決して実行してはいけない。体内にエキノコックスという寄生虫を持っている個体が多く、ふんの中に混じる卵が人の口に入ると感染してしまうのだ。

エキノコックスは人の肝臓などに寄生するが、症状が出るのは10年後だ。黄疸（皮膚や目が黄色くなる症状）や腹部の違和感で気づくことが多いが、このときはすでにかなり悪化している状態。すぐ治療しなければ半年〜1年の命だという。症状が出ていなくても、キツネに触ったことがある人は、検査が必要だ。

地域	日本（沖縄県以外）・北アメリカ〜ユーラシア
棲息場所	草原・森林・住宅地
体長	75〜145センチ
症状	外傷・肝炎・死亡
対処法	個体やふんに触ったら手を洗う

●キツネの狩り姿
雪山の中の獲物をねらう。

触ると危険！寄生虫を持っている
アカギツネ キツネ

201

無脊椎動物
軟体動物

危険度 💀💀💀💀

　アフリカマイマイは三角に近い形の殻を持つカタツムリで、食べるために日本に輸入された生物だ。主に沖縄県で養殖されたものの、逃げられて野外で繁殖してしまった。寄生虫を持っていることがあるとわかったため、駆除の対象となった。夜行性なので活動をするのは主に夜。夜の畑などによく現れる。

　アフリカマイマイが這った野菜をよく洗わずに食べると、広東住血線虫に感染することがある。この寄生虫は体内を動き回った後、脳や脊髄にとどまり、頭痛や全身の痛みなどの症状が出る。幼虫が死ねば自然に治るが、運が悪いと失明したり、脳に障害が出たり、死亡したりすることもある。

地域	アフリカ・日本の南西諸島など
棲息場所	草むら・林・畑
体長	殻高15センチ以上
症状	頭痛・吐き気・体の痛み・失明・てんかん・死亡
対処法	治療法がないので予防のため野菜などはよく洗う

野菜の上を這い回り寄生虫を残す
アフリカマイマイ

202

魚類
危険度 💀💀💀💀
外

　デンキウナギは何の装置も持たないのに、体ひとつで電気を発生させることができるウナギだ。にごった水に棲むため獲物を見つけることがむずかしく、電気を流すことにより獲物の位置を確認したり気絶させたりして狩りを行うのだ。人がうっかり踏んでしまうと、感電するハメになる。

　電圧は最高で800ボルトにまで達するので、感電すれば人はもちろん、馬くらいの大きさの生き物でも気を失う。高圧の電流だが、短時間の放電のため、感電死することはない。ただ、気絶して溺れる危険があるので、にごった水には入らないほうがよいだろう。

地域	南アメリカ
棲息場所	にごった川
全長	2メートル
症状	感電
対処法	意識がある場合は溺れない場所に移動する

204

最高電圧は 800 ボルト！
デンキウナギ

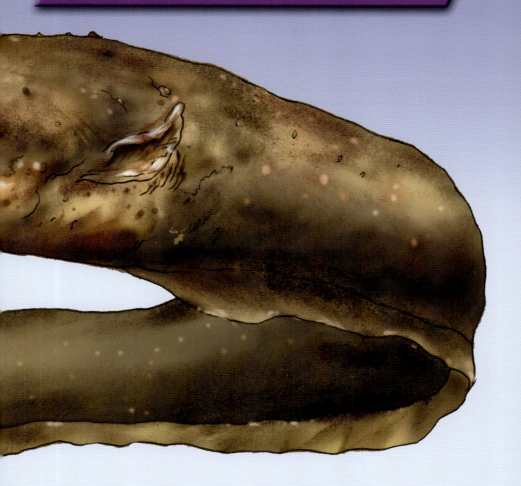

205

まるで泳ぐ発電機
デンキナマズ

　まん丸の小さな目に平たくて大きな口、口の周りには6本のひげ。とぼけた顔をしているデンキナマズだが、正体は高圧の電気を起こすことができる危険な魚だ。一般家庭のコンセントの電圧は100ボルトだが、デンキナマズは最大400～500ボルトもの電気を起こす。獲物をとるために電気を使うが、身の危険を感じたときも放電する。
　発電する魚はみんな、弱い電気を放つ細胞を持っていて、この細胞が多いほど強い電気を起こすことができる。デンキナマズは頭と尾以外の体全体に発電の細胞を持つので、高圧の電気を作ることができるのだ。

かぶれる植物の代表格
ウルシ

高級な食器などの塗料に使われるウルシは、樹液が皮膚につくとかぶれることのある植物だ。皮膚炎を起こすウルシオールという成分が原因で、ウルシのほか、ウルシによく似たヤマウルシにもこれが含まれる。

【地域】　日本各地
【自生場所】　山野
【高さ】　10〜15メートル
【症状】　かぶれ・痛み
【対処法】　よく洗う

あちこちで目にするツル植物
セイヨウヅタ

ツル植物で繁殖力が高く、冬でも枯れずに緑色のままなので庭によく植えられる。形の良い葉をたくさん茂らせる美しい植物だが、茎や葉から出る汁が皮膚につくとかぶれることがある。

【地域】　日本・北アフリカ・ヨーロッパ・アジア
【自生場所】　庭
【高さ】　20〜30メートル
【症状】　かぶれ・皮膚炎
【対処法】　よく洗う

ペットから感染する人獣共通感染症

多くの病気は正しく関われば、動物から人には移らない。しかしときおり、人と動物の垣根を越えて感染してしまう病気もある。これを「人獣共通感染症」と呼ぶ。たとえば、キツネから感染するエキノコックス（200ページ）も人獣共通感染症のひとつである。

人獣共通感染症①
イヌやネコのウルセランス感染症

イヌやネコから移る人獣共通感染症に「コリネバクテリウム・ウルセランス感染症」がある。咳やのどの痛みなど風邪に似た症状から始まり、悪化すると呼吸困難となり死亡する場合もある。日本では2001年から感染者が出ていたが、抗菌薬などの治療で回復していた。しかし、2018年1月に60代の女性が亡くなった。これが国内初の死亡例となった。

209

人獣共通感染症②

鳥ブームで増えるオウム病

イヌやネコのほかに、身近な人獣共通感染症には「オウム病」がある。病気の鳥のふんを吸いこんだり、口移しでエサを与えたり、咬まれたりすると感染することがある。高熱などインフルエンザに似た症状が出て、内臓に障害をきたし、死亡することがある。

人獣共通感染症③

海外で感染する狂犬病

イヌが運ぶ「狂犬病」も身近な人獣共通感染症のひとつだ。咬まれることで感染し、脳障害を起こして死に至る。日本では予防接種などの効果で1957年以降見つかっていないが、海外旅行などでうかつにイヌに近づく日本人が多く、危険だという。

しかし、ペットたちが悪いわけではない。生きている限り病気はついてまわるものだ。外の動物にむやみに近寄らない、動物を触ったら手を洗う、口移しなど必要以上のスキンシップはやめるなどの方法で、ペットとの楽しい生活を守っていきたいものである。

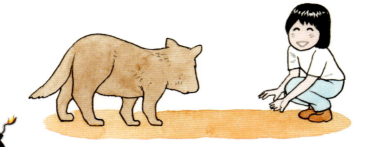

食中毒

食べると食中毒を起こす
ウモレオウギガニや
調理によっては死亡事故も起きる
猛毒のトラフグなど
食中毒危険生物
6
キノコなど毒に注意の植物
10

211

無脊椎動物
甲殻類

危険度 ☠☠☠☠☠

　フグ（216ページ）と同じ毒を持つため、絶対に食べてはいけないのがウモレオウギガニだ。食べれば吐き気や呼吸困難のほか、死に至ることもある。筋肉に蓄えられた毒は調理をしても消えず、身を食べなくても、だしをとった汁を飲むだけで死亡することもある。

　琉球の珊瑚礁などに棲むが、潮干狩りでとれることもある。オウギガニという名前のとおり、甲羅がおうぎのような形をしていることが目印となるだろう。フグ毒を持つ仲間にスベスベマンジュウガニがいるが、これもおうぎ形の甲羅をしている。

地域	日本（琉球列島）・西太平洋・インド洋
棲息場所	海（珊瑚礁・岩のくぼみ）
体長	甲幅9センチ
症状	しびれ・めまい・言語障害・視覚障害・吐き気・呼吸困難・死亡
対処法	吐き出して病院へ

フグの毒を持つ琉球のカニ
ウモレオウギガニ

213

無脊椎動物
軟体動物

危険度 💀💀💀💀

カキフライは人気の高いメニューだが、材料となるマガキの貝毒により食中毒を起こすことがある。下痢や吐き気くらいで治まることもあるが、死亡する場合もあるので、油断は禁物。貝毒は、加熱調理しても消えることのない危険度の高い毒なので、きちんと治療を受けることが必要だ。
また、貝毒以外に、小型球形ウイルスやノロウイルスによる食中毒の事故も発生しているが、これらはよく加熱すれば問題はない。ウイルスによる食中毒を防ぐには、食材によく火を通すこと、調理器具は消毒すること、手はしっかり洗うことなどだ。

●2種類の貝毒
毒を持つプランクトンを貝が食べ、その毒がためこまれて貝毒となる。食べたプランクトンの種類によって、貝毒による食中毒の症状が違ってくる。

- **下痢性貝毒**…腹痛、下痢、吐き気など
- **麻痺性貝毒**…しびれ、呼吸困難、死亡など

地域	日本・東アジア
棲息場所	海（岩礁・防波堤・磯）
体長	殻長8センチ
症状	下痢・しびれ・言語障害・視覚障害・吐き気・呼吸困難・死亡
対処法	食べたものを吐き出して病院へ

魚類

危険度 💀💀💀💀💀

毎年死亡事故の起きる猛毒高級魚
トラフグ

フグはとてもおいしいが、調理に特別な免許がいるほどの危険な魚でもある。フグの毒はテトロドトキシンといい、卵巣、肝臓、腸、皮などに含まれる。中でも卵巣と肝臓に多いので慎重な取り扱いが必要だ。中毒を起こすと、まずしびれから始まり、次に体が動かしにくくなるなどの麻痺が起こり、血圧低下や呼吸困難の後、死に至る。

トラフグのほか、クサフグやシマフグなど多くのフグが食用にされるが、やはり内臓などに猛毒を持つ。フグによる中毒は毎年20件以上発生し、死者が出ることも珍しくない。

地域	日本・黄海〜東シナ海
棲息場所	海（水深200メートルまで）
全長	70センチ
症状	下痢・しびれ・吐き気・頭痛・言語障害・視覚障害・呼吸困難・死亡
対処法	食べたものを吐き出して病院へ

魚類
危険度 💀💀💀💀💀

アオブダイは鮮やかな青緑色の魚で、おでこがたんこぶのようにボコッとふくらんでいるのが特徴だ。あまりにもカラフルで食べ物の色ではないように見えるが、煮つけや刺身などにするとおいしいという。しかし、人が死ぬほどの毒を持っている個体もいるので、むやみに食べないほうがいいだろう。

アオブダイを食べて中毒になると筋肉が崩壊し、筋肉痛から始まって、呼吸困難や腎臓障害などを引き起こす。2012年には長崎県で78歳の男性が死亡、2015年には宮崎県で煮つけを食べた女性が死亡する事故が起きている。

筋肉を崩壊させて死に至らしめる

アオブダイ

地域	日本（南日本の太平洋岸）・朝鮮半島・南シナ海
棲息場所	海（深めの岩礁）
全長	80センチ
症状	筋肉痛・関節痛・しびれ・言語障害・呼吸困難・腎臓障害・死亡
対処法	食べたものを吐き出して病院へ

219

ペットとして飼われることの多いコイは、食用にされることもある魚だ。一般的な調理方法である刺身や煮つけなどのときには大丈夫だが、胆のうを食べると問題が起きることがある。

胆のうは苦みが強いので「苦玉」と呼ばれ、料理には使われない。しかし一方で体に良いという説もあり、中国や日本では好んで食べる人もいるのだ。

胆のうが毒を持っていると肝臓障害や腎臓障害を起こし、重症になると脳障害や、死亡事故になることもある。体に良いつもりで食べたのに、毒だったとしたらしゃれにならないというものだ。

地域	日本各地・ユーラシア大陸
棲息場所	淡水（川・池・湖）
全長	1メートル
症状	吐き気・腹痛・下痢・肝臓障害・腎臓障害・死亡
対処法	食べたものを吐き出して病院へ

苦い玉は薬か毒か
コイ

221

魚類
危険度 💀💀💀

　ウナギといえばヌルヌルして素手ではなかなか捕まえることができないが、実はこのヌルヌルにはたんぱく毒がある。食べると体がかゆくなったり、下痢や血便の症状が出ることがあるのだ。
　ヌルヌルの粘液だけではなく、血液にも同じたんぱく毒がある。血が目に入っただけでも、激痛を引き起こすのだ。
　日本人はウナギを好んで食べるが、かば焼きにするのが一般的で刺身では食べない。たんぱく毒は加熱することで消えるからだ。ちなみに、ウナギに似たアナゴも、ウナギと同じたんぱく毒を持つ。

生食は厳禁！
ニホンウナギ

222

菌類
危険度 ☠☠☠

最も被害件数の多い毒キノコ

ツキヨタケ

食用として親しまれているシイタケやヒラタケに似ているので、毎年食中毒が起きるのがツキヨタケだ。食べると腹痛や下痢などの症状を引き起こす毒キノコである。

かさをさくと、柄のつけ根が黒いのがツキヨタケだといわれるが、黒くないものもあるので素人が判断しないこと。暗くなるとかさの裏側にあるひだがうっすらと光るが、肉眼ではっきりわかる光り方ではないので、これも見分ける方法にはならない。

地域	日本各地・ロシア・朝鮮半島・中国
自生場所	森林
かさの直径	20センチ
症状	下痢・吐き気・嘔吐・腹痛・けいれん
対処法	食べたものを吐き出して病院へ

224

菌類
危険度 ☠☠☠☠☠

白い姿が美しい殺しの天使
ドクツルタケ

　ドクツルタケは、日本で一番毒が強いキノコだ。かさも柄も真っ白で、スッと長く伸びた姿は幻想的で美しい。森林公園や雑木林など、身近な場所でも目にすることが多い。
　食べて数時間で吐き気や下痢などの初期症状が現れて、肝臓がはれ上がったり、内臓から出血したりして死に至る。1本で人が死亡するほどの猛毒なので「殺しの天使」と呼ばれるが、確かに天使の名にふさわしい美しさだ。ちなみに味も良いらしい。

地域	北半球
自生場所	森林
かさの直径	20センチ
症状	下痢・吐き気・嘔吐・腹痛・けいれん
対処法	食べたものを吐き出して病院へ

菌類
危険度 ☠☠☠

絵本やゲームでおなじみのキノコ
ベニテングタケ
アシタカベニタケ / アカハエトリタケ

白い柄に赤いかさ、かさの上には白い水玉模様。まるで小さな妖精が隠れていそうな愛らしさだが、食べれば意識を失ったり、幻覚を見たりする毒キノコだ。重症になると呼吸困難となる。解毒剤はないので、胃洗浄をして体から排出されるまで耐えるしかない。

食用のタマゴタケと似ているので、キノコ狩りで間違えることが多い。ベニテングタケの目印はかさの白いツブツブだというが、ツブツブが取れてしまっているものもあるので見分ける方法にはならない。キノコ類を見分けることはむずかしい。

地域	北半球
自生場所	森・林
かさの直径	6〜20センチ
症状	興奮・意識障害・幻覚・下痢・嘔吐
対処法	胃洗浄

226

菌類
危険度 ☠☠☠

食べた人が笑い出す
ワライタケ

ワライタケは神経をおかしくさせる働きがあり、食べれば興奮状態となり幻覚を見る。踊ったり笑ったりすることがあるが、本人にはっきりとした意識はなく、船や酒に酔っているような感覚が訪れているのだという。

全体的に茶色っぽく、コロンとした三角のかさの下に、細い柄が伸びているのが特徴。麻薬の植物として指定されているので、食べることはもちろん、採ることも法律で禁じられている。

地域	世界各地
自生場所	草地
かさの直径	1.5～6センチ
症状	興奮・意識障害・幻覚
対処法	胃洗浄

植物
危険度 ☠☠☠☠☠

ヤマノイモそっくりの球根
グロリオサ ユリグルマソウ

　赤と黄色の派手ないろどりで、ユリに似た花を咲かせるグロリオサ。花の美しさから観賞用に植えられることも多いが、根に猛毒を持つ。インドでは殺人に使われることもあるというから、食べれば助からないと考えていいだろう。

　庭で育てているものを間違えて食べ、命を落とす事故が2006年に起きている。根がヤマノイモやナガイモに似ているので間違えやすいのだ。グロリオサはすり下ろしてもネバネバしないことが特徴だ。

地域	日本各地・熱帯アフリカ・アジア
自生場所	庭
高さ	1〜3メートル
症状	発熱・下痢・嘔吐・呼吸困難・腎不全・死亡
対処法	胃洗浄

植物
危険度 ☠☠☠☠

花瓶の水も毒化する
スズラン キミカゲソウ

つりがね形の白い可憐な花を咲かせるスズランは、花にも葉にも根にも毒を持つ植物だ。特に花と根に毒性が強く、切り花にして水にさしておくと水にも毒が溶け出してしまう。食べれば吐き気や頭痛、呼吸困難などを引き起こす。

花が咲いてしまえば違いがはっきりわかるが、芽を出して間もない若い葉が、食用のギョウジャニンニクや、食用のウルイ（ギボウシ）の若葉に似ているので、間違えて食べる事故が多い。

地域	日本（沖縄県以外）・ヨーロッパ
自生場所	野原・林・庭
高さ	20～35センチ
症状	吐き気・頭痛・呼吸困難
対処法	食べたものを吐き出して病院へ

229

植物
危険度 ☠☠☠

特に未熟な果実や種子に注意

ウメ

ウメは梅酒や梅ジュースなどの材料にもなるが、生で食べることはない。ウメの実や種にはアミグダリンという毒があり食べると死亡する危険があるのだ。青梅や生梅のまま口にすることだけは絶対に避けよう。

【地域】　日本各地
【自生場所】　畑・庭
【高さ】　5〜8メートル
【症状】　頭痛・めまい・嘔吐・下痢・腹痛・呼吸困難
【対処法】　食べたものを吐き出して病院へ

植物
危険度 ☠

芽が出たジャガイモに注意せよ

ジャガイモ

ジャガイモは芽にソラニンという毒を持ち、食べると下痢や腹痛を起こす。芽に毒があることはよく知られているが、案外知られていないのが皮だ。ソラニンは皮にも含まれ、日光を浴びて緑色になっているジャガイモは危険信号。

【地域】　日本各地
【自生場所】　畑
【高さ】　50〜100センチ
【症状】　腹痛・下痢
【対処法】　食べたものを吐き出して病院へ

春を告げる花が死を招く
フクジュソウ

雪が溶け始める頃、つぼみととも芽を出すフクジュソウ。春を告げるうれしい植物だが、毒の成分を20種類以上も含んでいる。食べると嘔吐や呼吸困難の症状が出て、死亡する場合もある。

- 【地域】 日本各地（沖縄県以外）
- 【自生場所】 山林
- 【高さ】 15〜30センチ
- 【症状】 嘔吐・呼吸困難・心臓麻痺・死亡
- 【対処法】 食べたものを吐き出して病院へ

花や葉、根まで強い毒
トリカブト

1986年に殺人に使われたことで有名になった植物だ。紫色の花が美しいため生け花などに使われるが、花にも葉にも根にも強い毒を持つ。
食用のニリンソウと間違われることが多く、食べるとしびれやめまいなどの麻痺症状が出て、短時間で死に至ることもある。

- 【地域】 日本各地（沖縄県以外）
- 【自生場所】 山地
- 【高さ】 80〜150センチ
- 【症状】 口のしびれ・嘔吐・腹痛・呼吸困難・けいれん・死亡
- 【対処法】 食べたものを吐き出して病院へ

外来生物の脅威

外来生物とは…？

　その土地にはもともといなかったが、人間の手によって異なる地域から持ちこまれた生き物を「外来生物」と呼ぶ。外来生物が入りこむルートは、いくつか考えられている。
① 飼っていたペットが捨てられた
② 釣りのために魚がはなされた
③ 動物園や農場から逃げ出した
④ 荷物にまぎれこんでいた
⑤ 船の底にくっついてきた
　わざと持ちこんだわけでなくても、庭に植えていた花の種が風で飛んでいったり、店で普通に買った生き物が逃げ出したりなどという事態も起こる。注意をしていなければ、外来生物は広がっていくのだ。

外来生物ってどのくらいいるの？

現在、2200種以上の外来生物が日本に棲みついている。植物が一番多く1500種以上、次に昆虫が400種以上、3番目に多いのが軟体動物で50種以上となっている。

アメリカザリガニやセイタカアワダチソウなどは有名だが、あまりにも身近すぎるために、外来生物だということを忘れてしまう。アメリカザリガニは名前に「アメリカ」とついているというのに、外来生物だと意識することは、あまりないのではないだろうか。

そのほか、身の回りを見渡せば、外来生物はたくさん見つかる。小さな頃から親しんでいる生物も、きっと多くいるはずだ。

ちなみに外来生物のうち、人の体や生命、農作物、生態系に大きな被害をおよぼすものが「特定外来生物」に指定される。特定外来生物は現在148種で、アカゲザル（145ページ）も特定外来生物に指定されている。

アリゲーターガー

北アメリカの肉食魚。ワニのような顔で鋭い歯を持ち、人の指などを深く切ることもある。琵琶湖（滋賀県）や多摩川（東京都、神奈川県）など多くの場所で発見されていて、在来生物を食い荒らしている。

日本古来の生物が危ない！

　島国である日本ではこれまで独自の生物が育ってきた。人が日本に移動して住むようになると、木々が切られ、動物が狩られ、環境が少しずつ変わってきた。それでも日本の生物たちは、人が暮らす森や里、田畑をうまく棲処として生きてきた。

　しかし近代になって、外来生物が入りこむことで生態系（その土地の生物の数やバランス）がくずれ、在来生物が追いやられてしまうなどの問題が起きている。外来生物が棲みつくと、在来生物に次のような問題が起こるのだ。

①在来生物そのものが、食われてしまう。

②在来生物の食べ物を外来生物がうばうので、在来生物は飢えて死んでしまう。

③外来生物が在来生物の棲処をうばい、追いやってしまう。

④在来生物と外来生物との間に子が産まれて、純粋な在来生物がいなくなる。

▲カミツキガメ

人の生活にも忍び寄る

危機にさらされるのは在来生物だけではない。人間の生活にも問題が現れている。被害は次のようなものが上げられる。

①農作物が食い荒らされる。
②建物などに使う木々が食われる。
③養殖の魚が食われる。
④建物や機器が破壊されることがある。

食われたり壊されたりといったことが主な被害だが、もっと深刻な問題もある。人間の体や生命に影響が出ているのだ。それはこの本でも取り上げている「危険生物」的な部分だ。

①咬まれたり、刺されたりする危険
…ヒアリ（34ページ）など。
②伝染病の危険…アライグマ（196ページ）など。
③食中毒の危険…グロリオサ（228ページ）など。
④花粉症などアレルギーの危険…ブタクサ（アメリカ原産。ブタクサ花粉症の原因といわれる）など。

外来生物とどう向きあっていく？

人間が持ちこんだ生物により、結局は人間に影響が出てきている。原因を作ったのだから結果が出るのはしかたがないとはいえ、やはり被害は最小限に食い止めたい。

第一、外来生物もかわいそうだ。自分の意志とは関係なく移動させられ、その地で生きていこうとしたら危険扱いされて捕獲されてしまうのだから。外来生物をこんなかわいそうな目にあわせるのもさけたい。

外来生物の問題を食い止めるべく、環境省は「外来生物被害予防三原則」を定めた。

『外来生物被害予防三原則』

●入れない…むやみに外来生物を持ちこまない。

●捨てない…ペットを捨てない。

●広げない…すでに外で生きている外来生物をほかの地域に広げない。

一度に実現できるほど簡単ではないと思うが、世界中の生物の未来が明るいものであってほしいと心から願う。

超危険生物　索引

ア 行

アイゴ………78
アイゾメヤドクガエル…194
アオズムカデ………164
アオブダイ………218
アカエイ………68
アカギツネ………200
アジアゾウ………153
アシグロフキヤガエル…193
アフリカゾウ………148
アフリカニシキヘビ…124
アフリカマイマイ…202
アミメニシキヘビ…126
アメリカアリゲーター…130
アライグマ………196
アリゲーターガー…232
アンボイナ………66

イノシシ………138
イラガ………186
イラモ………61
ヴァンデリア・シローサ…175
ウツボ………178
ウデナガウンバチ…60
ウメ………230
ウモレオウギガニ…212
ウルシ………208
ウンバチイソギンチャク…58
エチゼンクラゲ………52
オオアリクイ………148
オオカミ………146
オオスズメバチ……22
オーストラリアウンバチクラゲ…56
オオハリアリ………38
オオヒキガエル………191
オニカサゴ………76

オニダルマオコゼ……80
オニヒトデ………62
オブトサソリ………44

カ行

カツオノエボシ………54
カバ………150
カバキコマチグモ…156
カミツキガメ………104
カモノハシ………42
ガンガゼ………65
キイロスズメバチ……26
キイロフキヤガエル…192
キングコブラ………122
グロリオサ………228
グンタイアリ………41
ケートプシス·ゴビオイデス…174
コイ………220
コガタアカイエカ……88
ココエフキヤガエル…193

コヨーテ………152
ゴンズイ………70

サ行

サキシマハブ………121
シバンムシアリガタバチ…31
ジャガー………150
ジャガイモ………230
シャチ………155
シロフアブ………90
スイギュウ………151
スズラン………229
スッポン………110
スローロリス………154
セアカゴケグモ……158
セイヨウヅタ………208
セグロアシナガバチ…30

237

タ行

タカサゴキララマダニ…96

ダツ………176

チャイロスズメバチ…28

チャドクガ………182

チンパンジー………154

ツェツェバエ………32

ツキノワグマ………136

ツキヨタケ………224

ツマアカスズメバチ…29

デンキウナギ………204

デンキナマズ………206

ドクツルタケ………225

トコジラミ………94

トビズムカデ………165

トラ………152

トラフグ………216

トリカブト………231

ナ行

ナイルワニ………131

ニホンアマガエル…190

ニホンウナギ………222

ニホンザル………142

ニホンヒキガエル…188

ニホンマムシ………112

ネコノミ………92

ハ行

ハブ………118

ハブクラゲ………48

ヒアリ………34

ヒガシゴリラ………149

ヒグマ………132

ヒゼンダニ………98

ヒトスジシマカ………84

ヒョウ………151

ヒョウモンダコ………166

ピラニア・ナッテリー…173
フクジュソウ………231
ブチハイエナ………153
ブルドッグアリ………40
ベニテングタケ……226
ベニモンヤドクガエル…194
ホッキョクグマ………155
ホホジロザメ………170

マ 行（ぎょう）

マガキ………214
マダラウミヘビ………128
マダラサソリ………46
ミイデラゴミムシ……185
ミノカサゴ………74
モリオオアリ………37

モンハナシャコ………168

ヤ 行（ぎょう）

ヤマカガシ………116
ヤマトマダニ………95
ヤマビル………100

ラ 行（ぎょう）

ライオン………149
ルブロンオオツチグモ…162

ワ 行（ぎょう）

ワニガメ………108
ワライタケ………227

■参考文献■
『学研の図鑑　世界の危険生物』(学研)『小学館の図鑑ＮＥＯ　危険生物』(小学館)
『日本の外来生物』(平凡社)『危険生物ファーストエイドハンドブック　陸編』文
一総合出版『危険生物ファーストエイドハンドブック　海編』文一総合出版『野外
毒本』(山と渓谷社)『世界の美しい猛毒・有毒生物』(宝島社)『危険生物　大百科』
(学研)『世界の不思議な毒を持つ生き物』(エクスナレッジ)
■参考サイト■
環境省　厚生労働省　東京都感染症情報センター　国立感染症研究所　東京
都環境局「気をつけて！　危険な外来生物」　日本生体学会誌　NATIONAL
GEOGRAPHIC 公益社団法人 日本皮膚科学会　沖縄県　札幌市　Ⅲ月紀・四六

■監修／加藤英明（かとう　ひであき）

静岡大学講師。1979年生まれ。
爬虫類学者・生態学者（農学博士）
外来生物が生態系に与える影響について研究。
世界50カ国以上に行き、希少な爬虫類の生態調査を行っている。
TBSテレビ「クレイジージャーニー」では、
爬虫類ハンターと呼ばれ、
日本テレビ「ザ! 鉄腕! DASH!!」
テレビ東京「緊急SOS 池の水ぜんぶ抜く大作戦」
など、テレビ出演や講演多数。

■執筆／ながた　みかこ
■イラスト／北澤良枝　佐藤敏己　角 愼作　shoyu　嵩瀬ひろし
　　　　　　なかの真実　七海ルシア
■写真／オアシス
■カバーデザイン／久野 繁
■本文デザイン／スタジオQ's
■編集／ビーアンドエス

本書の内容に関するお問い合わせは、書名、発行年月日、該当ページを明記の上、書面、FAX、お問い合わせフォームにて、当社編集部宛にお送りください。電話によるお問い合わせはお受けしておりません。また、本書の範囲を超えるご質問等にもお答えできませんので、あらかじめご了承ください。
　　FAX：03-3831-0902
　　お問い合わせフォーム：http://www.shin-sei.co.jp/np/contact-form3.html

落丁・乱丁のあった場合は、送料当社負担でお取替えいたします。当社営業部宛にお送りください。
本書の複写、複製を希望される場合は、そのつど事前に、出版者著作権管理機構（電話：03-5244-5088、FAX：03-5244-5089、e-mail：info@jcopy.or.jp）の許諾を得てください。
JCOPY ＜出版者著作権管理機構　委託出版物＞

図解大事典　超危険生物

2018年7月15日　初版発行
2020年4月15日　第6刷発行

監修者　加藤　英明
発行者　富永　靖弘
印刷所　株式会社高山

発行所　東京都台東区台東2丁目24　株式会社 新星出版社
〒110-0016　☎03(3831)0743

© SHINSEI Publishing Co., Ltd.　　Printed in Japan

ISBN978-4-405-07274-9